◉ 電子・通信工学 ◉
EKR-21

電気・電子・通信のための
音響・振動
基礎から超音波応用まで

中村健太郎

数理工学社

編者のことば

我が国の基幹技術の一つにエレクトロニクスやネットワークを中心とした電子通信技術がある．この広範な技術分野における進展は世界中いたるところで絶え間なく進められており，またそれらの技術は日々利用しているPCや携帯電話，インターネットなどを中核的に支えている技術であり，それらを通じて我々の社会構造そのものが大きく変わろうとしている．

そしてダイナミックに発展を遂げている電子通信技術を，これからの若い世代の学生諸君やさらには研究者，技術者に伝えそして次世代の人材を育てていくためには時代に即応し現代的視点から，体系立てて構成されたライブラリというものの存在が不可欠である．

そこで今回我々はこうした観点から新たなライブラリを刊行することにした．まず全体をI. 基礎とII. 基幹とIII. 応用とから構成することにした．

I. 基礎では電気系諸技術の基礎となる，電気回路と電磁気学，さらにはそこで用いられる数学的手法を取り上げた．

次にII. 基幹では計測，制御，信号処理，論理回路，通信理論，物性，材料などを掘り下げることにした．

最後にIII. 応用では集積回路，光伝送，電力システム，ネットワーク，音響，暗号などの最新の様々な話題と技術を噛み砕いて平易に説明することを試みている．

これからも電子通信工学技術は我々に夢と希望を与え続けてくれるはずである．我々はこの魅力的で重要な技術分野の適切な道標に，本ライブラリが必ずなってくれると固く信じてやまない．

2011年3月

編者　荒木純道

國枝博昭

「電子・通信工学」書目一覧

I. 基礎

1 電気電子基礎
2 電磁気学
3 電気回路通論
4 フーリエ解析とラプラス変換

II. 基幹

5 回路とシステム論の基礎
6 電気電子計測
7 論理回路
8 通信理論
9 信号処理
10 ディジタル通信の基礎
11 制御工学の基礎
12 電子量子力学
13 電気電子物性工学
14 電気電子材料

III. 応用

15 パワーエレクトロニクス
16 電力システム工学
17 光伝送工学
18 電磁波工学入門
19 アナログ電子回路入門
20 ディジタル集積回路
21 電気・電子・通信のための音響・振動
22 暗号理論
23 ネットワーク工学

まえがき

19 世紀に電信が考案されて以来，電気電子工学や通信工学によって，情報を電気信号として伝送・記録する技術が開拓されてきた．扱う情報の主要なものは画像と音である．「百聞は一見に如かず」という諺があるので，画像の重要度がずっと高いと思うむきもあろう．しかし，ひとは音から豊かな情報を得ており，画像に優るとも劣らず音が大切であることは普段の生活からも想像がつくだろう．

本書では，音の出入り口となるスピーカやマイクロフォンについて，電気電子の立場からその基礎を学ぶことを目的のひとつとしている．これは電気音響工学と呼ばれ，大学の関連学部では長らく講義科目となっていたが，最近では他にも勉強すべきことが増えたためか開講数は減っている．しかし，電気音響工学は電気系と機械系との境界に位置する学問であり，機械系を電気回路で表現する電気等価回路の考え方は今後も役に立つ．例えば，スマートフォンに搭載されている加速度センサをはじめとする微小電気機械素子（MEMS 素子）の解析や設計にも適用できる．その基礎をひととおり知っておくことは電気電子・通信工学の分野でこれから仕事をしようとする者にとって有用と思われる．また，電気電子では学ぶ機会が少なくなった音や固体振動の性質全般の理解を進めていただくことが本書の 2 つ目の目的である．一方，ひとに聴こえない高い周波数の音や振動である超音波は，フィルタ素子などの電子部品から，医用画像診断や非破壊検査など広い応用がある．また，高強度の超音波や振動には洗浄や機械加工をはじめとするさまざまな工業的応用があり，その時代ごとの花形産業を陰で支えてきた．読者がそれぞれの分野で将来出会う技術課題を解決する際のヒントとなるよう，多岐に及ぶ超音波応用の一端を知っていただくことが本書の 3 つ目の目的である．

第 1 章で音や振動に関する導入を行った後，第 2～4 章では電気信号を音にするスピーカと，音を電気信号に変換するマイクロフォンの動作を，電気等価回路の考え方を導入して説明する．第 5, 6 章では，波動現象である音波の性質について重要な概念をいくつか述べる．波動方程式を解くことに加え，音波の伝搬を行列で表して解析する便利な方法を導入する．第 7 章では，固体の振動の基礎について述べ，第 8 章では，振動の解析法に関する基本的な考え方を説明する．第 9 章では超音波の計測応用について，第 10 章では超音波のエネルギー応用と超音波デバイスについて述べる．なお，本書の読者には，電気電子や通信工学を学ぶ大学 3, 4 年生以上を想定しているので，電気回路の基礎（交流回路の初歩や簡単な過渡応答解析）を学んでいることを前提としている．また，電磁波に関する講義をすでに受けていれば，音や振動の理解も容易になるだろう．しかし，これは必須ではなく，逆に，本書で学ぶ音や振動の知識が電磁波の理解を助けることもあると思われる．機械工学系の勉強をしている方も，本書の内容は守備範囲に入るはずである．

本書では，音や振動の物理的な側面だけを扱っているが，ひとが受け手となる可聴周波数の音や振動の問題を考えるときには，電気電子や通信工学の範囲を超えてくる．すなわち，物理現象に加えて，聴覚系や脳のしくみと性質の理解といった生理学や脳科学の分野に話が及んでくる．また，騒音の制御は，機械工学の課題であることも，都市空間や道路の設計などの社会工学，土木工学の扱う分野であることもある．劇場や音楽ホールの音響設計は建築分野の専門家が行っている．一方，音声認識や音声合成の技術は情報工学の成果である．このように，音と振動の問題は 2 つ以上の分野にまたがったものが多く，典型的な境界領域のテーマである．音響と振動を学ぶことを，他分野にも広く目を向ける入口と捉えていただくのもよいと思う．

最後に，遅筆の筆者の原稿を粘り強く待って下さった数理工学社の皆様に感謝申し上げる．

2020 年 7 月

中村健太郎

目　次

第 4 章

トランスデューサ　37

第 5 章

音 波 の 性 質　53

第 6 章

音 波 の 伝 搬　73

第7章

固 体 の 振 動

第8章

振動モードとその計算法

第9章

超音波の基礎と計測応用

第1章

電気電子・通信分野と音響振動

音は人にとって画像と並ぶ重要なメディアである．音の伝送，記録・再生の技術は電気電子・通信工学の発展とともに進化してきた．今日のスマートフォンやオーディオ機器はその成果の結晶であり，今やそのほとんどの部分がディジタル電子技術によって成り立っている．しかし，これらの出入口であるマイクロフォンとスピーカは，音や振動といった物理現象（アナログ現象）の理解なくしては成り立たないアナログデバイスである．音を電気信号に変換するマイクロフォン，そして，逆に電気信号を音に変換するスピーカは人間と電子機器との間のインターフェースとも考えることができる．これらについて学ぶことは電気電子・通信分野の技術者にとって有用なことである．また，空間に出された音は波動として伝わり，反射や回折，干渉など，波動現象特有の振る舞いをする．波動としての音の基本的な性質を知ることも重要である．一方，スマートフォンに内蔵されている高周波フィルタ素子，回転センサ（ジャイロセンサ）などは振動を利用した電子部品である．この章では電気の世界と機械系（音や振動），そして，人間とを結ぶ音響・振動の概要についてみてみよう．

1.1　電気電子・通信分野と音響振動

身近な例として，図 1.1 のように A さんが B さんに電話（携帯電話やスマートフォン）をかけているときを考えよう．A さんの声は空気の振動であるが，これを電気信号に変換する音響–電気変換デバイスがマイクロフォンである．この電気信号は，アナログ–ディジタル変換器（A/D 変換器）によってディジタル信号に変換される．そして，この信号によりディジタル変調された高周波信号が生成され，電力増幅回路，スイッチなどを経てアンテナから電波として送信される．この電波は基地局・中継局などを経た後，光信号に変換されて光ファイバ回線を経由し，再び基地局から電波として B さんに届く．B さんの側では，アンテナで受信した電波を，高周波回路でのフィルタ処理，復調回路，ディジタル信号処理回路を経て再び空気の振動である声に戻す．この電気–音響変換デバイスがスピーカである．このように音の入口と出口には，本書の主要テーマである音響–電気変換，電気–音響変換を行うデバイスが必ず必要である．こうした変換デバイスは，その変換の方法や方向，周波数によらず，総称として**トランスデューサ**（transducer）と呼ばれる．電気信号と空気中の音との変換を行う音声周波数のトランスデューサがマイクロフォンとスピーカである．

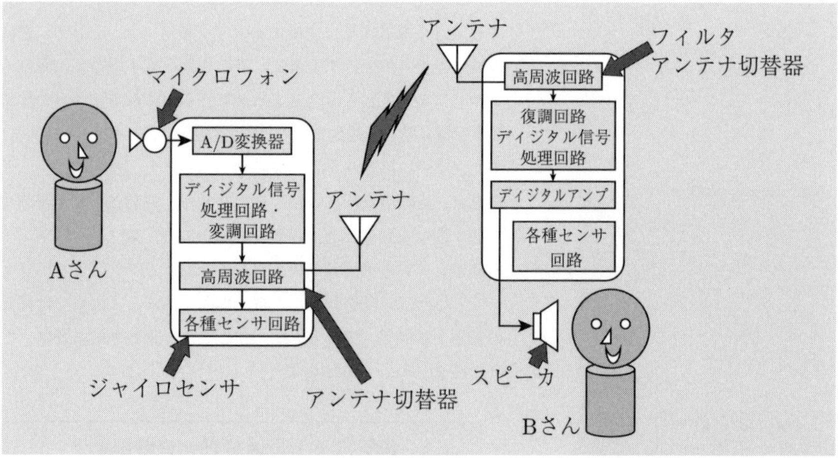

図 1.1　A さんが B さんに電話をしている様子（図中の矢印が電気音響デバイス）

一方，スマートフォンの中には，通信のための高周波信号の切替器や周波数フィルタがあるが，それらには固体の高周波数の振動の性質を利用したデバイスが使われている．固体すなわち弾性体の振動を使うため，このようなデバイスを**弾性波素子**と呼ぶことがある．スマートフォンに限らず，その他の無線通信装置やテレビにも必ず使われる電子部品である．また，スマートフォンには回転運動を検出するセンサが搭載されているが，これには振動の性質を利用した振動ジャイロという電子部品が使われている．振動ジャイロはカーナビゲーション装置やロボット，ドローンにも搭載されている．ディジタルカメラにも手振れ検出のために組み込まれている．

今日では，5.1チャンネル方式など，スピーカを複数使って立体的な音の感覚を再現するシステムが家庭用テレビでも活用されている．また，ホールや劇場では，いかにして望ましい音を聴衆に届けるかといった音響設計がなされている．一方，自動車の振動や騒音の低減のためや，高速道路の騒音を周辺に漏らさないために，音や振動の性質を最大限に利用した工夫がなされている．これらは，空間を音がどのように伝わるのか，反射や回折，干渉はどのように起きるのかといった，波動としての音の性質の理解と解析技術なくしては成し遂げられない．

このように，音や振動に関する知識は，今日のさまざまな社会システムや機器の設計に欠かせないものとなっている．また，周波数が高い音や振動である超音波は，医用画像装置や機械部品の非破壊検査，魚群探知機のような計測用途から，洗浄，加工，接合，化学反応促進などのためのエネルギー応用まで実に多岐にわたる応用が広がっている．

1.2 人間と音

音を，人が情報をやり取りするメディアのひとつと考えると，人の聴こえの性質（聴覚の特性）を知る必要があるが，そのことを考える前に，音とはいったいどんな物理現象であるかを考えよう．打楽器を思い浮かべれば，音の源は振動であると想像できよう．太鼓の皮の振動に応じて周囲の空気は押したり引いたりされる．つまり，空気は，押し縮められたり，引き伸ばされたりする運動を，振動源の振動の周波数で行うことになる．音は，図 1.2 のように，この空気の振動が周囲に伝わってゆく現象である．この図では空気に点線の目印を付けてその動きを表現している．押し縮められた部分では空気は密になり，伸びた部分では疎になっており，このことから，音は**疎密波**であるといえる．また，音の伝わる方向（太鼓の皮から離れる方向）と振動の方向が同じなので，**縦波**であるということができる．空気に疎密ができるということは，圧力が変化していることでもあるので，圧力の振動的な変化が伝わってゆくものが音であるととらえることもできる．つまり，図 1.3 のように，大気圧の微小な変化が音である．そこで，音の物理的な大小を表すのにその圧力変化の振れ幅を用いて**音圧**（sound pressure）と呼び，圧力の単位 [Pa] で示す．騒音を測るときなど，人が感じる音については実効値を使うことが多いが，超音波応用など，物理現象として理解するときは 0-p 値を用いることもある．

人が聴くことができる音の周波数（空気の振動の振動数）は 20 Hz から 20 kHz

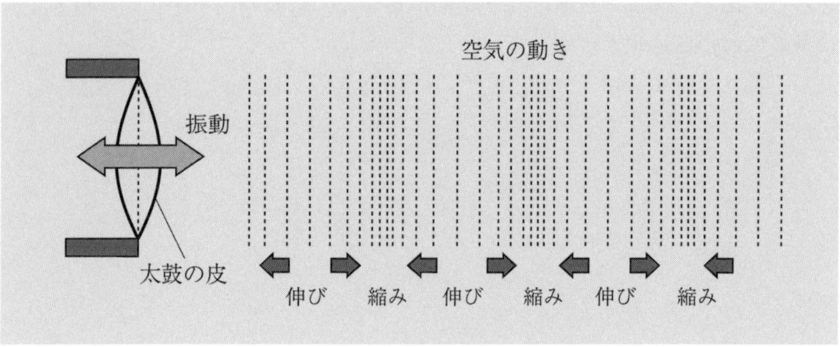

図 1.2 太鼓の皮の振動と空気の動き

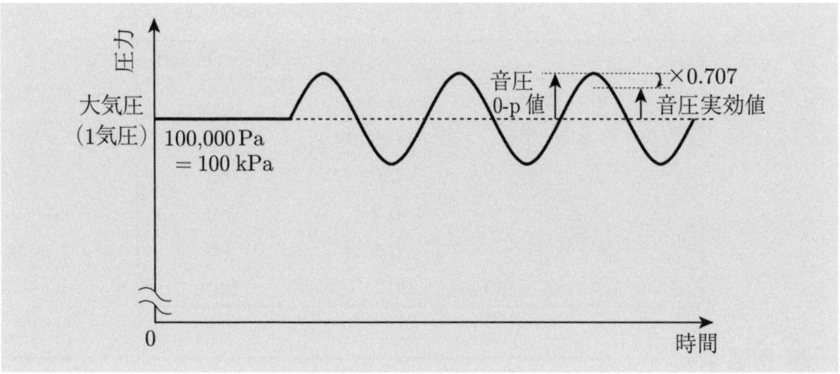

図 1.3　大気圧と音圧

の間であり，この周波数範囲のことを**可聴域**という．また，人が聴き取ることができる一番小さい音の音圧は，1 kHz 程度の周波数では 20 μPa であり，大気圧 100 kPa と比べて 10 の 10 乗ほど小さい．人の耳は，このような圧力のわずかな変化をとらえる高感度なセンサなのである．一方，我慢できないほど大きな音の音圧は 100 Pa くらいである．このように人の耳は 10 の 6 乗から 7 乗の広いダイナミックレンジを有している．この広い範囲の音の大小を表すために，最小可聴音圧である 20 μPa を 0 dB として，対数である dB で表示することがよく行われ，**音圧レベル**（sound pressure level，**SPL**）と呼ばれることがある．すなわち，音圧レベル SPL [dB] は音圧 P [Pa] によって

$$\mathrm{SPL}\ [\mathrm{dB}] = 20\log_{10}\frac{P\ [\mathrm{Pa}]}{2\times10^{-5}} \tag{1.1}$$

と計算できる．ここでの音圧には実効値を用いるのが普通である．**音の強さ**は，音圧の 2 乗に比例する音のエネルギーを指すが，音のエネルギーについては第 6 章 6.3 節で学ぶ．音圧レベルは，本来は音の強さで定義されるが，式 (1.1) では最小可聴音から音圧で計算する式を示した．さまざまな音の音圧レベルの目安を表 1.1 に示す．

表 1.1　さまざまな音の音圧と音圧レベルの目安

	音圧 [Pa]	音圧レベル [dB]
最小可聴値	0.00002	0
ささやく声	0.0002	20
会話の声	0.02	60
雑踏	0.2	80
地下鉄車内	0.5	90
ジェットエンジン（50 m）	20	120

■ 例題 1.1

音圧が2倍になったとき，音圧レベルは何 dB 増大したことになるか．また，音圧が $\frac{1}{2}$ 倍になることは，音圧レベルでは何 dB の変化に相当するか．同様に，音圧が10倍，$\frac{1}{10}$ 倍になった場合についても考えよ．

【解答】　式 (1.1) から，2つの異なった音圧 P_1 と P_2 について

$$20\log_{10}\frac{P_2\ [\mathrm{Pa}]}{P_1\ [\mathrm{Pa}]}\ [\mathrm{dB}] \tag{1.2}$$

により音圧レベルの差を計算できる．音圧が2倍になった場合（すなわち $\frac{P_2}{P_1}=2$）は，6 dB だけ音圧レベルが上昇したことになる．逆に音圧が $\frac{1}{2}$ 倍になった場合は，-6 dB の変化である．音圧10倍の場合が 20 dB の変化，$\frac{1}{10}$ 倍の場合が -20 dB の変化である．これは，

$$\log_{10}2=0.301,\quad \log_{10}\frac{1}{2}=-0.301,\quad \log_{10}10=1,\quad \log_{10}\frac{1}{10}=-1$$

であることによる．では，音圧が4倍変化した場合はどうだろう．4の対数を計算するまでもなく，$4=2\times 2$ から，対数の性質を使って，

$$6\ [\mathrm{dB}]+6\ [\mathrm{dB}]=12\ [\mathrm{dB}]$$

と足し算で求めることができる．5倍の場合は $5=\frac{10}{2}$ であるから，

$$20\ [\mathrm{dB}]-6\ [\mathrm{dB}]=14\ [\mathrm{dB}]$$

と計算できる．このように，いくつかの例を知っていれば，それらの組合せにより，簡単な加減算で dB 値を知ることができる．

なお，dB 値は本来，パワー（強さ）の比，すなわち音圧の 2 乗の比で定義すべきものである．音の強さは単位面積当たりのパワーとして定義され，その基準値には最小可聴音圧である 20 μPa の強さ 1×10^{-12} W/m^2 を用いる．強さ I [W/m^2] の音の音圧レベルは

$$\mathrm{SPL}\ [\mathrm{dB}] = 10 \log_{10} \frac{I\ [\mathrm{W/m^2}]}{1 \times 10^{-12}} \tag{1.3}$$

により計算される．詳しくは第 6 章で述べるが，音の強さは，

$$I = \frac{P_{\mathrm{rms}}^2}{z_{\mathrm{C}}} \tag{1.4}$$

である．ここで，z_{C} は媒質の**特性音響インピーダンス**と呼ばれる物理量であり，密度と音速の積に等しい．空気の場合は約 400 N s/m^3 である． ■

人の耳は 20 Hz から 20 kHz の周波数範囲の音を聴くことができると述べたが，周波数によって感度が異なる．すなわち，同じ音圧であっても，周波数によって人が感じる音の大きさが異なる．数 kHz の音には感度が高く，小さな音圧でも大きな音に聴こえる．数 10 Hz の低い周波数の音や 10 kHz を超える高い周波数の音では感度が低く，同じ音圧の数 kHz の音より小さく聴こえる．一方，音の大きさの感じ方についてみれば，例えば，音圧レベルが 3 dB 上がった場合，すなわち，音のエネルギーが 2 倍になった場合でも，人は 2 倍も音が大きくなったとは感じない．このように，人の聴覚は物理現象の数値をそのまま感じるわけではないことに注意する必要がある．また，音の強さによっても周波数特性が変化する．このような聴覚の特性は国際規格 ISO226 による**等ラウドネスレベル曲線**で示されている．騒音を測定するときには，このような聴覚特性を反映した評価を行うために，**騒音計**では図 1.4 に示す **A 特性**，B 特性，C 特性などの曲線で感度補正を行っている．A 特性は比較的小さめの音に対する特性であり，よく使われる．また，音は断続したり，大きさが時間変化したりするが，時間軸方向の性質も聴こえ方に影響する．

この他にも，いろいろな周波数の音が同時に発生しているときに，大きな音の存在によって，その周波数の近傍の小さな音が聴こえにくくなる**マスキング現象**など，さまざまな聴覚の特性が知られている．そのなかにはディジタル伝送・記録の際の情報量圧縮に応用されているものもある．また，人が音の到来方

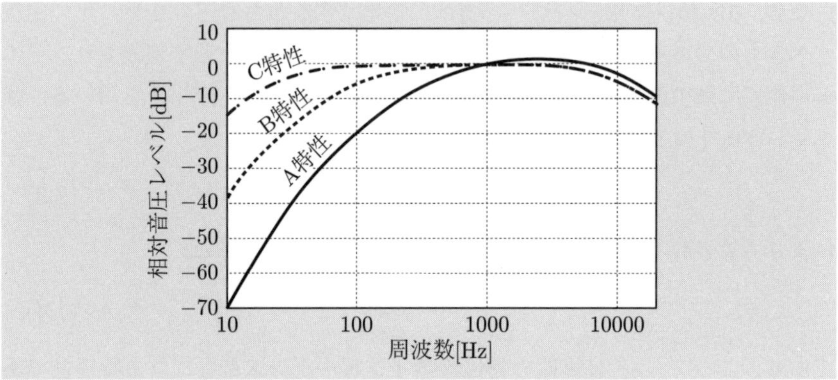

図 1.4　騒音計の感度の周波数補正曲線

向を弁別できることは，耳が2つあることだけでは説明できないが，外耳や頭部の形状との関係が明らかになってきている．人間の頭部を模した**ダミーヘッド**と呼ばれる実験装置の耳の部分にマイクロフォンを装着して収音や録音を行うことも行われている．聴覚系の構造や聴覚の性質の詳細については他の書物にゆずることとする．

実効値について

実効値 P_{rms} は，時間変化する音圧 $p(t)$ を 2 乗した平均値の平方根であり，

$$P_{\mathrm{rms}} = \sqrt{\frac{1}{T}\int_0^T p^2(t)\,dt}$$

と計算される．ここで，T は平均を取る時間であり，繰り返し波形であれば，その繰り返し周期とすればよい．添え字の rms は実効値 root mean square（2 乗平均平方根）の略である．

音圧が正弦波的に変化する場合，すなわち，P を 0-p 値として，

$$p(t) = P\cos\left(2\pi\,\frac{t}{T}\right)$$

であるときは，実効値は $\frac{P}{\sqrt{2}}$ である．電気回路の場合と同様，実効値が等しければパワーが等しくなる．

1.3　音や振動の周波数とその応用

人に音を聴かせる目的の応用では，人の可聴周波数範囲である 20 Hz～20 kHz の音が対象になる．しかし，最近のディジタルオーディオシステムでは，サンプリング周波数を 200 kHz 程度として，100 kHz までの記録・再生を可能としているものもある．一方，人に聴かせることを目的としない計測や通信用デバイス応用などでは，はるかに広い範囲の周波数が目的に応じて使われている．計測用途，医用応用，非破壊検査では，対象物の大きさ，媒質や測定距離などに応じて周波数が選ばれており，空中センサで数 10 kHz，水中の遠距離測定では数～200 kHz が使われている．地球規模の海洋環境計測や地中探査では数 100 Hz が利用される．比較的近距離で高精細な画像化を行う医用診断応用，機械部品の非破壊検査などでは数～数 10 MHz が，より高分解能が必要とされる半導体デバイス計測では 100 MHz 以上が使われる．フィルタなどの通信用デバイスでは，数 100 kHz から GHz オーダまで応用が広がっている．また，物性研究などでは GHz あるいはそれを超えるような周波数が利用される場合もある．音の周波数とその応用について図 1.5 にまとめた．

このような人に聴かせることを目的としない音響振動の応用は**超音波**と呼ばれるが，振動を伝えるのは空気などの気体，水などの液体や生体，金属や結晶などの固体とさまざまである．音響振動の応用では，電波や光（電磁波）と違い，振動を伝える媒質が必要である．これは音響振動の利点でもあり，電波や光が伝わりにくい液体中，固体中で真価を発揮する．また，伝搬速度が電磁波

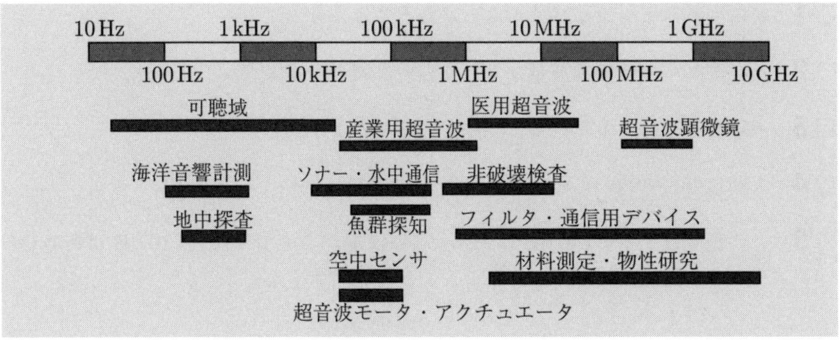

図 1.5　音響振動・超音波の応用と周波数

に比べて 10 の 5 乗から 6 乗ほど小さいことも音や振動を応用する上での特徴になっている．すなわち，反射波が届くまでの時間が電磁波に比べて長いので，その測定にそれほど高性能な電子回路を必要としない．このように伝搬時間の測定によって目標物までの距離測定を行う．また，対象物が動いている場合は，**ドップラ効果**による周波数変化を検出して，対象物の速度を計測することができる．超音波の応用については第 9 章および第 10 章で述べる．

人に聴こえる周波数範囲

等ラウドネス曲線は世界中の人の聴覚特性を測定する大規模な調査に基づいて得られたものである．普通，人の可聴範囲は 20 Hz～20 kHz とされるが，会話を伝送するのに必要な周波数範囲は 300 Hz～3 kHz くらいであろう．電話ではだいたい 4 kHz 以下の周波数帯域を確保している．時報の「ピッ，ピッ，ピッ，ポーン」という音は，440 Hz と 880 Hz である．定期健康診断の聴覚検査では 1 kHz と 4 kHz を用いているが，より精密にはオージオメータという装置で 125Hz～8 kHz について調べている．一般に，年齢が進むと高い周波数は聴こえにくくなる傾向があり，10 kHz 以上の音に対する感度が低下する．反対に，20 歳よりも若い世代では，20 kHz を超えた周波数でも音として聴こえる人が $\frac{1}{3}$ くらいはあるという報告もある．

1 章 の 問 題

□ **1**　家の中にスピーカがいくつあるか数えてみよう．

□ **2**　身のまわりの音の周波数がどれくらいか調べてみよう．

□ **3**　人の聴覚のしくみや性質について調べてみよう．

□ **4**　人間以外の動物の可聴周波数範囲を調べてみよう．

□ **5**　人の聴覚は 120～140 dB のダイナミックレンジを有する．120 dB は何 bit のディジタルシステムのダイナミックレンジに相当するか．

第2章

質点とばねによる単振動

本章では，運動の法則，質量とばねの性質を復習した後で，質点とばねによる振動について考える．力学的なエネルギーの考え方に基づき，質量とばねの強さで決まる周波数で振動しやすい「共振」現象を理解する．質点とばねに，エネルギーを消費するダンパを加えた3つが基本的な機械要素である．これら3つの機械要素による振動が時々刻々どのように変化するか，また，駆動力の周波数を変えると振動がどのように振る舞うのかを考える．

2.1 物体の運動

ある物体が単位時間に移動する距離のことを**速度**という．例えば，1 秒間に 1 m 進むと 1 m/s の速度であり，人の歩く速さはこれくらいである．なお，速度と速さという 2 つの言葉を使ったが，速度は移動する方向と向きも含むベクトル量としての意味をもち，一方，速さは速度の大きさを指すことが多い．

速度 v で t 秒間移動したら，移動距離 x は

$$x = vt \tag{2.1}$$

と計算できる．また，時刻 t_0 のときに位置 x_0 にあった物体が時刻 t_1 のときに位置 x_1 に移動していたら，その間の平均速度 v は

$$v = \frac{x_1 - x_0}{t_1 - t_0} \tag{2.2}$$

で計算できる．

一方，速度の時間変化の割合を**加速度**という．1 秒間に速度が 2 m/s 増加したら，加速度は 2 m/s^2 である．逆に，1 秒間に 2 m/s 減速したら，加速度は −2 m/s^2 である．はじめの速度を v_0 とし，加速度を a とすると，t_0 秒後の速度 v は

$$v = v_0 + at_0 \tag{2.3}$$

である．その間に進んだ距離 x は

$$x = v_0 t_0 + \frac{1}{2}at_0^2 \tag{2.4}$$

と計算される．このように進んだ距離（**変位**と呼ぶこともある）は速度を時間に関して積分したものである．また，式 (2.2) の極限より，ある瞬間の速度は変位 x の時間に関する微分で与えられる．微分演算記号を用いれば

$$v = \frac{dx}{dt} \tag{2.5}$$

と書くことができる．この式からも変位は速度の時間に関する積分になっていることがわかる．また，加速度は速度を時間に関して微分した量である．

2.2　質量とばねの性質

質量 m の物体に力 F を加えると，力の方向に物体が移動する速度が変化するが，その際の加速度 a は

$$a = \frac{F}{m} \tag{2.6}$$

のように，力と質量の比で与えられる．これが，古典力学の基礎となる**運動の法則**である．同じ力を与えた場合，質量の小さいものほど加速度が大きくなることを表している．また，力を加えない限り速度は変化しないことも意味している．図 2.1 左のような力，速度，質量の関係は，微分演算記号を用いて書けば，

$$F = m\,\frac{d^2x}{dt^2} = m\,\frac{dv}{dt} = ma \tag{2.7}$$

となる．この式は**運動方程式**と呼ばれている．

一方，ばねは，図 2.1 右のように，力 F に比例して x だけ伸びる．力の向きが逆であればばねは縮む．このときの比例定数がばね定数 k であり，

$$F = kx = k\int v\,dt \tag{2.8}$$

のように，ばねでは力は速度の時間積分で表せる．

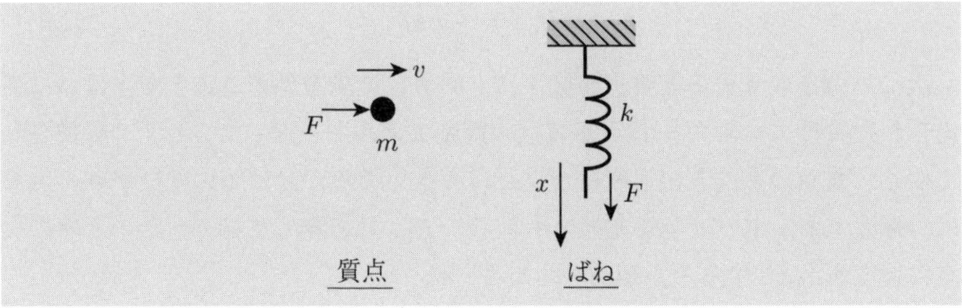

図 2.1　質点の運動とばねの性質

2.3　質点とばねによる単振動

図 2.1 のばねを下向きに $x = x_0$ だけ変位させた後に力 F を取り去ると，ばねの変位は瞬時に 0 に戻って $x = 0$ にピタリと止まる（質量の無いばねを仮定した場合）．では，図 2.2 のようにばねの先端に質量 m の質点を付けた場合はどうであろうか．

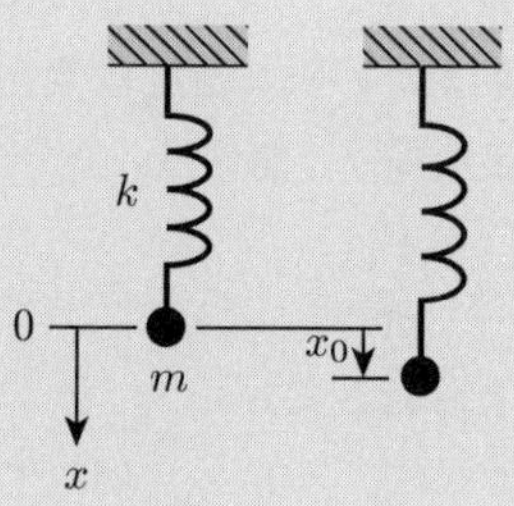

図 2.2　質点とばねによる単振子

最初にばねを下向きに $x = x_0$ だけ変位させたことによって，ばねには**弾性エネルギー**（位置エネルギー）E_{e0} が蓄えられる．

$$E_{e0} = \frac{1}{2} k x_0^2 \tag{2.9}$$

次に，力を取り去ると質点が徐々に上向きに運動を始めることで，ばねに蓄えられた弾性エネルギー E_{e0} が質点の**運動エネルギー** E_k に少しずつ転換されてゆく．質点の上向きの速度はだんだん大きくなるが，ばねの伸びが 0 の点では，弾性エネルギーは全て運動エネルギー E_{k0} に転換しており，このときの質点の速度を v_0 とすると，運動エネルギーは

$$E_{k0} = \frac{1}{2} m v_0^2 \tag{2.10}$$

である．ここで，**エネルギー保存則** $E_{e0} = E_{k0}$ より，

$$|v_0| = \sqrt{\frac{k}{m}}\,|x_0| \tag{2.11}$$

となる．

質点は慣性力により $x=0$ の点を通り過ぎてさらに上向きに運動を続けるが，ばねが縮みはじめるので，運動エネルギーは少しずつばねの弾性エネルギーに転換されてゆく．質点の速度は少しずつ減じてゆく．そして，ばねが縮み切った点 $x=-x_0$ では，運動エネルギーが全てばねの弾性エネルギーとなり，速度 $v=0$ となる．次に，ばねが質点を下向きに押し返し，弾性エネルギーは再び運動エネルギーへと姿を変えてゆく．さらに，$x=0$ の点を下向きに通り過ぎ，はじめの位置 $x=x_0$ に戻る．

この一連の動きを質点とばねの間でエネルギーを交換しながら無限に続けることになる．図 2.2 を**単振子**（ばね振り子）と呼ぶことがある．また，この運動を**単振動**と呼び，質点の位置 x は時間に対して正弦的に変化することが知られている．すなわち，

$$x=x_0\cos\left(2\pi\frac{t}{T}\right)=x_0\cos(2\pi ft)=x_0\cos(\omega t) \tag{2.12}$$

と書ける．ここで，T を振動の**周期**，f を**周波数**（または振動数），ω を**角周波数**という．周期の単位は [s]，周波数の単位は [Hz]，角周波数の単位は [rad/s] である．振動の振れ幅である $2x_0$ を**振動変位振幅**（または**振動振幅**）と呼ぶ．x_0 のことを振動振幅ということもあるが，$2x_0$ と区別するために，特に片振幅と呼ぶこともある．

ここで，式 (2.5) と式 (2.12) より，振動速度 v は

$$v=-\omega x_0\sin(\omega t)=-v_0\sin(\omega t) \tag{2.13}$$

と書ける．振動変位と振動速度の時間変化の様子を図 2.3 に示す．振動速度の最大値（振動速度振幅）v_0 は角周波数と振動変位の最大値の積で表せる．

$$|v_0|=\omega|x_0| \tag{2.14}$$

これを式 (2.11) と比べれば，単振動の角周波数 ω は

$$\omega=\sqrt{\frac{k}{m}} \tag{2.15}$$

と，ばね定数と質点の質量で決まり，変位の大きさにはよらないことが導ける．周波数 f，周期 T は

$$f=\frac{1}{T}=\frac{1}{2\pi}\sqrt{\frac{k}{m}} \tag{2.16}$$

と書ける．このような，振動系に固有の周波数を**固有周波数**と呼び，第 3 章で述べるように，LCR 電気回路の共振周波数に対応する概念である．機械系でも共振周波数と呼ぶこともある．また，ここで述べたような単振動を**自由振動**または**固有振動**という．

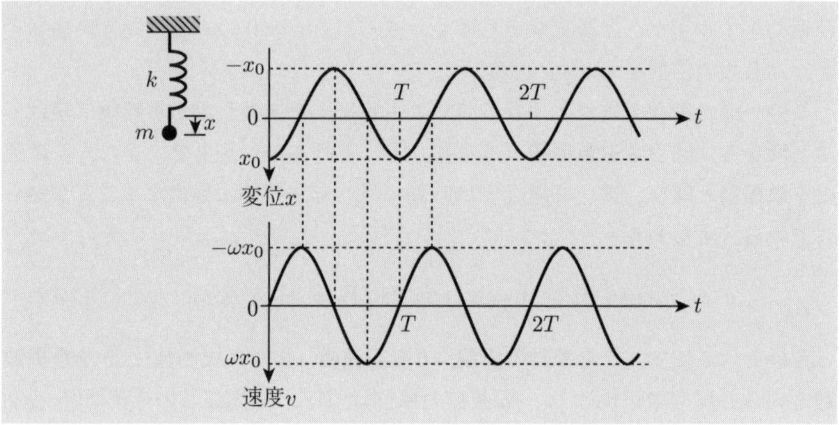

図 2.3　質点とばねによる単振動（ばね振り子）における質点の変位と速度の時間変化（下向きを正としていることに注意）

■ 例題 2.1

運動方程式である式 (2.7) とばねの式である式 (2.8) から，変位 x に関する方程式を作れ．また，式 (2.12) がこの方程式の解になっていることを確かめよ．

【解答】　ばねが質点の変位 x を引き戻す力を発生することから力 F の方向を考えて，式 (2.7) と (2.8) から，

$$\frac{d^2x}{dt^2} + \frac{k}{m}x = 0 \tag{2.17}$$

が得られる．これが質点とばねによる振動系の挙動を表す微分方程式である．これに式 (2.12) を代入すると，

$$-\omega^2 x_0 \cos(\omega t) + \frac{k}{m}x_0 \cos(\omega t) = 0 \tag{2.18}$$

が得られ，固有周波数の式 (2.15) が導かれる．本書の本文ではエネルギー保存の観点から固有周波数を求めたが，この例題のような手順で説明する教科書が多い．■

式 (2.7) と式 (2.8) のように，質点では変位の時間に関する 2 階微分（加速度）と力が比例し，ばねでは変位と力が比例する．質点とばねに加えて 3 つ目の機械要素として，変位の時間に関する 1 階微分（速度）と力が比例するものを考えよう．これは図 2.4 に示すダンパであり，その性質は，比例定数である μ を用いて次式で表せる．

$$F = \mu \frac{dx}{dt} = \mu v \tag{2.19}$$

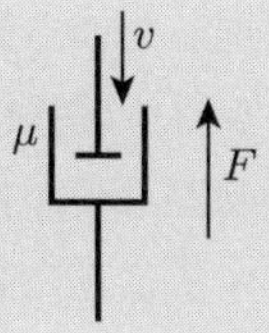

図 2.4　ダンパ

水の中でゆっくり手を動かしても手が水から受ける抵抗力は小さいが，速く動かそうとすると大きな抵抗力を感じるだろう．流体が示す抵抗力は，ある速度範囲では速度の大きさに比例するので，ダンパの代表例である．質量やばねではエネルギーが蓄えられるのに対して，ダンパを動かすと加えたエネルギーが消費される．このようにエネルギーを消費するものには「損失がある」という言い方をする．図 2.5 のようにダンパを含む場合は，エネルギーが消費されるため，少しずつ振動振幅を減らしてゆく振動になる．この振動を**減衰振動**と呼ぶ．

現実のばね振り子では，質点の周囲の空気がわずかながらダンパの効果をもつので（空気抵抗），特にダンパを付加しなくとも振動振幅は少しずつ小さくなってゆく．また，ばね自身も伸縮する際に内部にわずかな抵抗が存在する．このため，実在する振動は多かれ少なかれ減衰振動になる．また，ダンパの度合いがある程度以上に大きい場合では，変位させた質点を離した後，質点の位

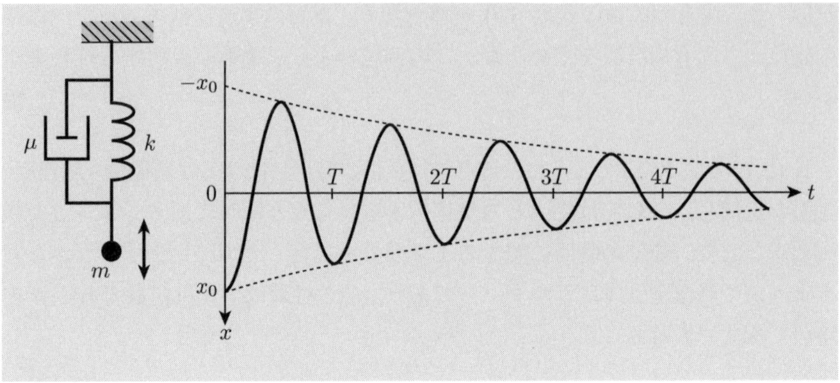

図 2.5　減衰があるときの単振動

置が振動せずにゆっくり平衡点に戻ってゆく動作になる．例えば，自動車の車輪と車体の間をつなげるサスペンション装置には，このような目的で，オイルを使ったダンパとばねを組み合わせたものが使われる．段差を越えるときなどに振動を起こさずに滑らかに応答するように調整されている．

ダンパに似たものとして，物と物との接触面に働く摩擦がある．摩擦も動きに対する抵抗力を示し，エネルギーを消費して速度を減じるので，自転車や自動車のブレーキに利用される．しかし，摩擦の力は速度に関わらずほぼ一定の値を示すことがダンパとの相違点である．

2.4　単振動と定速回転運動との対応

ばね振り子の単振動の変位 x は半径 x_0 の円の上を一定の角速度 ω で回転する点の動きで考えることができる．変位が式 (2.12) で表される場合，図 2.6 のように，x 軸へ投影された点の動きに対応する．

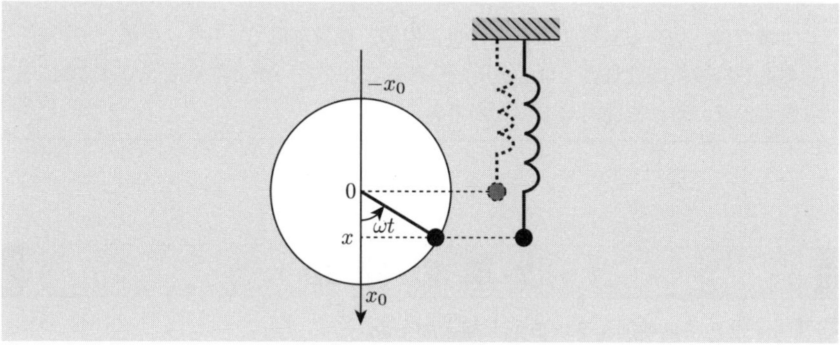

図 2.6　単振動と回転運動の対応

ここで，$j = \sqrt{-1}$ として，

$$e^{j\omega t} = \cos(\omega t) + j\sin(\omega t) \tag{2.20}$$

の関係から，複素数の振動変位 $\overrightarrow{x}$

$$\overrightarrow{x} = x_0 e^{j\omega t} \tag{2.21}$$

を使うと計算が簡単になる．この表示を用いると, 複素数の振動速度 $\overrightarrow{v}$ は式 (2.5) および (2.21) から，

$$\overrightarrow{v} = \frac{d\overrightarrow{x}}{dt} = j\omega x_0 e^{j\omega t} = j\omega\overrightarrow{x} \tag{2.22}$$

となる．すなわち，時間に関する微分は $j\omega$ を掛け算したものとなる．一方，積分は微分の逆の演算であることから，$j\omega$ で除すことで時間積分の複素表示が得られる．式 (2.22) に式 (2.20) を代入して式 (2.13) と比較すると，複素表示の実部を取ると実際の値が得られることがわかる．このように，複素表示を使うと微分や積分の計算，およびそれらの組合せ計算が加減乗除演算で済む．そし

て，そのような計算によって求められた複素数の実部を取れば実際の値が得られる．これは交流電気回路の解析で用いられる手法と同じである．このような複素表現では $e^{j\omega t}$ を省略して表示する場合が多い．

i と j

本書では，他の電気電子系の教科書と同様，複素単位 $\sqrt{-1}$ を j で表している．物理系や機械系の教科書では i が用いられることが多いが，電気電子では電流を i で表すので，それと混同しないためである．

2 章 の 問 題

□ **1**　図 2.3 に振動加速度の波形を描き加えよ．

□ **2**　図 2.2 のばね定数を 2 倍にした場合，固有振動数は何倍になるか．

□ **3**　固有振動数が 40 Hz であったばね振り子の質点に，それよりも十分小さい質量 0.002 kg の微小な質点を接着した．すると，固有振動数が 1 Hz 低下した．もともとのばね振り子の質点の質量を求めよ．

□ **4**　角周波数 ω を仮定した複素表示を式 (2.17) に用いて固有周波数を求めよ．

第3章

電気等価回路による機械振動系の表現

前章において，機械振動系の 3 つの基本構成要素である質点，ばね，ダンパの性質と，それらから成る振動系が固有周波数をもつことを学んだ．この振動系の挙動は時間に関する微分方程式で表されるが，その解を求めるには数学の知識が必要になる．一方，電気回路の基本構成要素はインダクタ，キャパシタ，抵抗であり，電気回路の性質も微分方程式で表される．電気回路を一通り勉強したことがあると，微分方程式をいちいち解かずに回路解析をする方法である交流回路理論やフーリエ変換・ラプラス変換をマスターしていると思う．本章では，機械振動系と電気回路の数学的な共通性に注目して，機械振動系を電気回路に置き換えて解析する電気等価回路の考え方について述べる．

3.1 機械振動系と電気回路の対応

前章で見たように，機械振動系の基本構成要素である質点，ばね，ダンパでは，それぞれ，力 F と速度 v の間に次のような関係がある．

$$F = m\frac{dv}{dt} \tag{3.1}$$

$$F = \frac{1}{c_{\mathrm{m}}}\int v\,dt \tag{3.2}$$

$$F = \mu v \tag{3.3}$$

ここで，m は質点の質量，c_{m} はばね定数 k の逆数である弾性定数，μ は粘性係数あるいは損失係数である．

$$c_{\mathrm{m}} = \frac{1}{k} \tag{3.4}$$

一方，電気回路の基本構成要素であるインダクタ，キャパシタ，抵抗は電圧 V と電流 I の間に

$$V = L\frac{dI}{dt} \tag{3.5}$$

$$V = \frac{1}{C}\int I\,dt \tag{3.6}$$

$$V = RI \tag{3.7}$$

の関係がある．ここで，L はインダクタのインダクタンス，C はキャパシタの静電容量，R は抵抗の抵抗値である．式 (3.1)～(3.3) と式 (3.5)～(3.7) を比べると，力を電圧に，速度を電流に置き換えて考えれば同じ形式をしていることがわかる．このとき，質量 m はインダクタンス L に，弾性定数 c_{m} は静電容量 C に，粘性係数 μ は抵抗値 R に対応している．これらの関係をあらためて図 3.1 にまとめる．このような機械振動系と電気回路系の対応のさせ方を**力–電圧対応**と呼ぶ．

機械振動系と電気回路は物理的には異なった現象であるが，このような適当な変数の対応を行うことで，数学的な表現が同じになることは興味深い．このことは，電気回路を用いて機械振動系の動作を表現できることを意味し，これを機械振動系の**電気等価回路**と呼ぶ．この概念を利用すると，電気電子の勉強

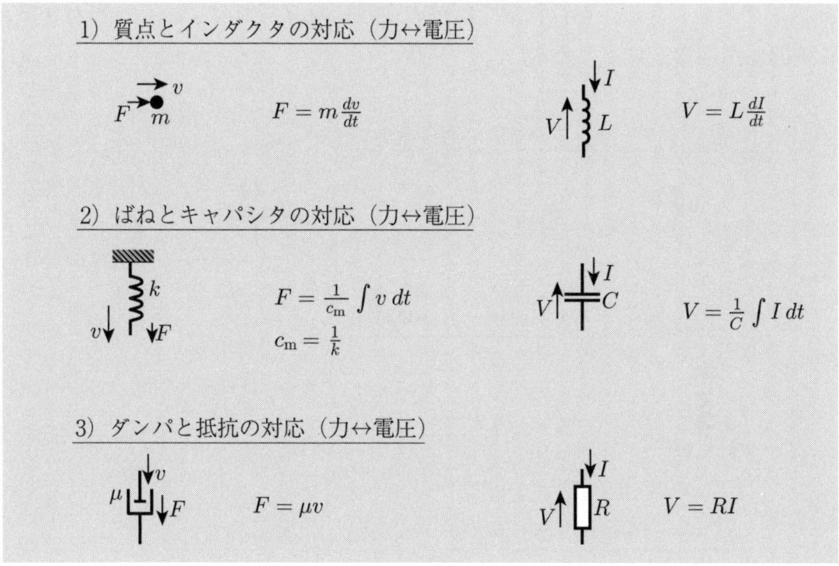

図 3.1　機械振動系と電気回路の対応 1（力–電圧対応）

を行った者が自分の得意な電気回路の領域で機械振動系の解析や理解を行うことができる．マイクロフォンやスピーカのような電気音響変換デバイスは，電気回路の要素と機械振動系が混在するデバイスであるが，電気回路と機械振動系を統一的に電気回路だけで表現したり解析したりできるわけである．

力を電圧に対応させたのはあくまで仮想上のことなので，力を電流に対応させることも可能である．その場合は，質点はキャパシタで，ばねはインダクタで表現される．ダンパは，抵抗の逆数（コンダクタンス）で表される．この対応のさせ方を**力–電流対応**という．力–電流対応では，

$$I = C\,\frac{dV}{dt} \tag{3.8}$$

$$I = \frac{1}{L}\int v\,dt \tag{3.9}$$

$$I = \frac{1}{R}\,V \tag{3.10}$$

の関係を機械振動系の式 (3.1)～(3.3) と比べて，質量を静電容量に，弾性定数

をインダクタンスに，粘性係数を抵抗の逆数に見立てればよいことがわかる．この関係を図 3.2 にまとめる．

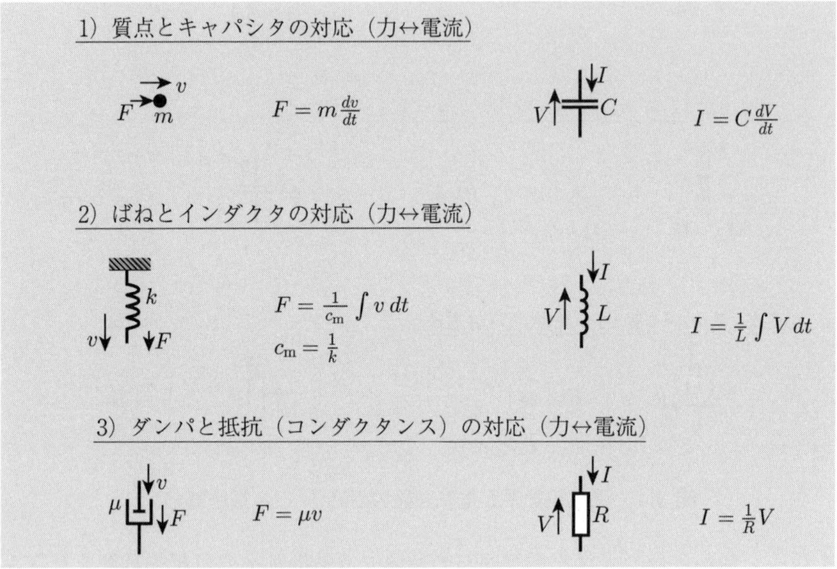

図 3.2　機械振動系と電気回路の対応 2（力–電流対応）

3.2　共振振動系の電気等価回路

機械振動系を電気等価回路で表す基本的な例として，第 2 章で学んだ質点とばねとダンパそれぞれ 1 つずつから成る振動系を周波数 f で正弦的に変化する力 F で駆動することを考えよう．

まず，力–電圧対応により，駆動力 F を電圧源とし，振動速度 v を回路の電流に対応させる場合について述べる．この機械振動系では，質点，ばね，ダンパの 3 つの構成要素全てが同じ速度 v で動くので，速度が電気等価回路の素子全てに共通な変数になる．従って，図 3.3 のように LCR 直列回路と電圧源で表現するのがよい．直列回路では全ての回路素子に同じ電流が流れるからである．一方，駆動力 F は各回路素子に分割して印加されている．駆動力が振動的である場合，その周波数が振動系の固有周波数に一致したときに質点の振動速度が大きくなる．図 3.3 の電気等価回路において，電圧源の周波数が共振周波数に等しいときに電流 v が大きくなることは，直列共振回路であるから，電気回路の勉強をしたことがあれば容易に理解できよう．

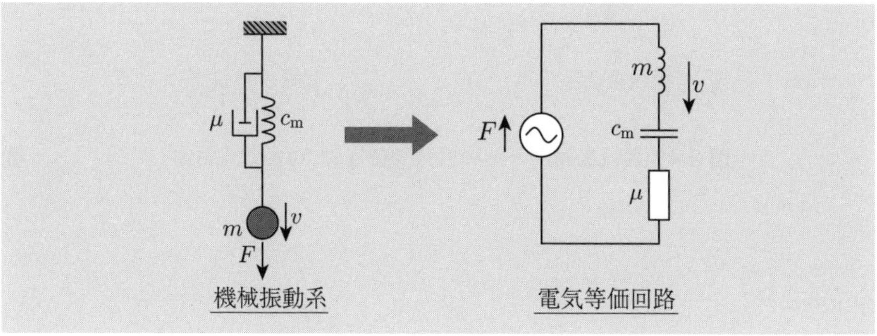

図 3.3　機械振動系とその電気等価回路（力–電圧対応）

例題 3.1

図 3.3 の機械振動系を力–電流対応の電気等価回路で示せ.

【解答】 この機械振動系では，駆動力は質点，ばね，ダンパに分割して印加され，振動速度はこの 3 つの機械要素全てで同じになっている．力–電流対応において振動速度は電圧に対応するので，電気等価回路の各素子に加わる電圧が同じになる回路としなければならない．従って，LCR 並列回路と電流源で表すべきである．図 3.4 にこの機械振動系の力–電流対応による電気等価回路を示す．このように，どの変数が回路に共通なのかを考えれば，直列回路にすべきか並列回路にすべきかを判断できる．

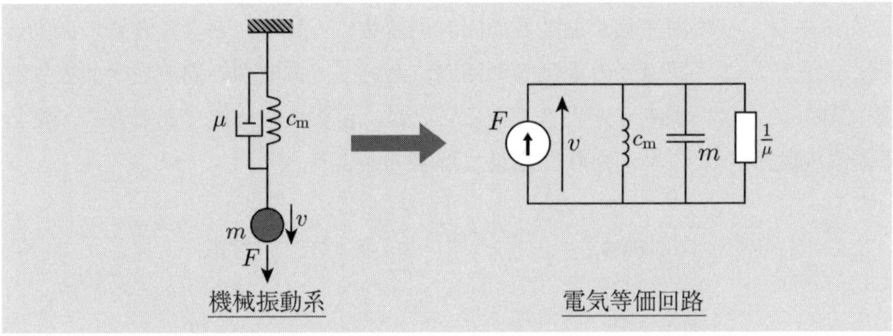

図 3.4　機械振動系とその電気等価回路（力–電流対応）

3.3　機械共振系の周波数応答

前節で述べたように，力と振動速度を電圧と電流に対応させることで，質点，ばね，ダンパから成る振動系はインダクタ，キャパシタ，抵抗から成る電気等価回路で表現できる．ここでは，図 3.3 の力–電圧対応の電気等価回路によって，この振動系の応答を検討しよう．

ここで，駆動力を F として

$$F = F_0 \cos(\omega t) \tag{3.11}$$

のような角周波数 ω の正弦的なものを想定し，駆動力を加え始めてから十分な時間が経過した後の定常状態について考える．図 3.3 の LCR 回路の定常状態の電流（振動速度）v が角周波数 ω によってどのように変化するかは，電気回路の交流理論によって計算することができる．すなわち，この回路の電流は電源電圧を LCR 直列インピーダンスで除すことで求められ，

$$\overrightarrow{v} = \frac{\overrightarrow{F}_0}{j\omega m + \frac{1}{j\omega c_{\mathrm{m}}} + \mu} \tag{3.12}$$

と計算される．ここに，振動速度 v や駆動力 F_0 の上部に矢印を付したものは，交流回路理論において複素数として再定義した振動速度と駆動力である．j は虚数単位である（$j^2 = -1$）．これより，振動速度の大きさは

$$|\overrightarrow{v}| = \frac{|\overrightarrow{F}_0|}{\sqrt{\left(\omega m - \frac{1}{\omega c_{\mathrm{m}}}\right)^2 + \mu^2}} \tag{3.13}$$

と計算される．角周波数 ω が

$$\omega = \omega_0 = \frac{1}{\sqrt{m c_{\mathrm{m}}}} \tag{3.14}$$

のときに振動速度は極大値を示す．この周波数 ω_0 が**共振角周波数**である．$f_0 = \frac{\omega_0}{2\pi}$ を**共振周波数**と呼ぶ．ここで，

$$Q = \frac{\omega_0 m}{\mu} \quad \text{あるいは} \quad Q = \frac{1}{\mu \omega_0 c_{\mathrm{m}}} \tag{3.15}$$

である **Q 値**を導入する．Q 値と共振角周波数を用いると，振動速度の大きさは

$$|\vec{v}| = \frac{|\vec{F}_0|}{\mu} \frac{1}{\sqrt{Q^2\left(\frac{\omega}{\omega_0} - \frac{\omega_0}{\omega}\right)^2 + 1}} \tag{3.16}$$

と書くことができる．ここで，質量 m や弾性定数 c_{m} は変えずに，ダンパ μ を変えて Q 値を変えた場合の振動速度の周波数特性を図 3.5 に示す．Q 値が大きいほど共振が鋭くなっている．ダンパが小さく Q 値が高いと振動速度の最大値が Q 値の倍率だけ跳ね上がっている．共振周波数において振動を効率よく起こしたい場合には Q 値は高いほうがよいが，共振が起きてほしくない場合には Q 値は低くする必要があることがわかる．

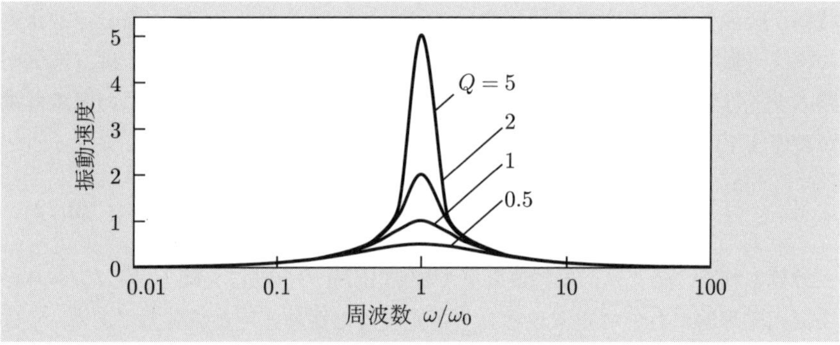

図 3.5 振動速度の共振特性（μ を変えた場合．m と c_{m} は一定.）

■ 例題 3.2

機械共振系の振動変位の周波数特性のグラフを描け．

【解答】 振動変位は振動速度の時間積分で与えられる．式 (3.12) の複素振動速度の時間積分は，第 2 章でも述べたが，交流理論あるいはフーリエ変換の知識を用いれば，複素振動速度の式 (3.12) を $j\omega$ で除すことで与えられる．従って，振動変位の大きさは

$$|\vec{x}| = \frac{Qc_{\mathrm{m}}|\vec{F}_0|}{\frac{\omega}{\omega_0}\sqrt{Q^2\left(\frac{\omega_0}{\omega} - \frac{\omega}{\omega_0}\right)^2 + 1}} \tag{3.17}$$

と計算できる．これから，振動変位の周波数特性を描くと図 3.6 のようになる．

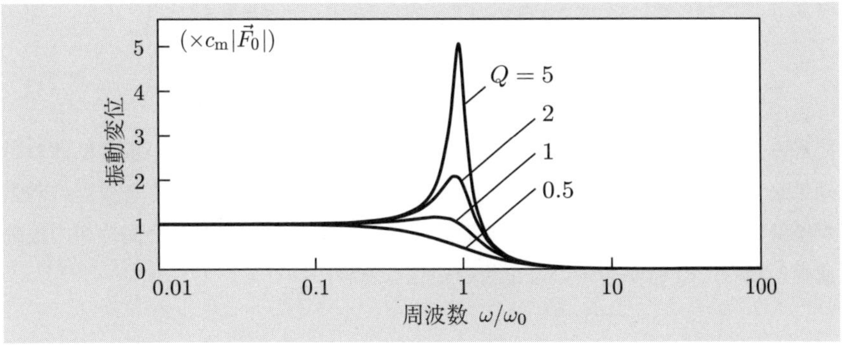

図 3.6　振動変位の共振特性

この結果より，駆動力の周波数が共振周波数より十分低いときは，ばねに静的な力 F_0 を加えたときの変位に等しい振動変位になっていることがわかる．また，駆動力の周波数が共振周波数を超えると，急激に振動変位が低下する．振動変位は共振周波数において低周波数のときの Q 値倍になっている．Q 値が十分大きい場合（$Q > 10$）には，$\omega_0 = \omega$ のときに振動振幅は最大値を示すと考えてよいが，Q 値がそれほど大きくない場合には，最大値を示す周波数は ω_0 よりもわずかに低くなる．■

■ 例題 3.3

機械共振系の振動速度の大きさの周波数特性は式 (3.13) および図 3.5 で示した．振動速度の位相特性を示せ．

【解答】　振動速度の複素数表示は式 (3.12) に示したが，これを振幅 v_0 と位相 φ で表すと

$$\vec{v} = v_0 e^{j\varphi} \tag{3.18}$$

と書ける．式 (3.12) と (3.18) から，

$$\mu + j\left(\omega m - \frac{1}{\omega c_{\mathrm{m}}}\right) = \frac{\vec{F}_0}{v_0}\, e^{-j\varphi} \tag{3.19}$$

が得られる．これから，振動速度の加振力に対する位相 φ は

$$\tan(-\varphi) = \frac{\omega m - \frac{1}{\omega c_{\mathrm{m}}}}{\mu} \tag{3.20}$$

であり，結局，

$$\varphi = -\tan^{-1}\left(\frac{\omega m - \frac{1}{\omega c_{\mathrm{m}}}}{\mu}\right) = -\tan^{-1}\left\{Q\left(\frac{\omega}{\omega_0} - \frac{\omega_0}{\omega}\right)\right\} \tag{3.21}$$

である．これを図 3.7 に示す．加振周波数が共振周波数より低い場合はばねの効果が大きく，振動速度は進み位相となり，共振周波数を超えると質点の効果が優勢になって位相が遅れる．共振周波数で加振すると加振力と同位相の振動速度となる．Q 値が大きいと位相の変化も急峻になっている．

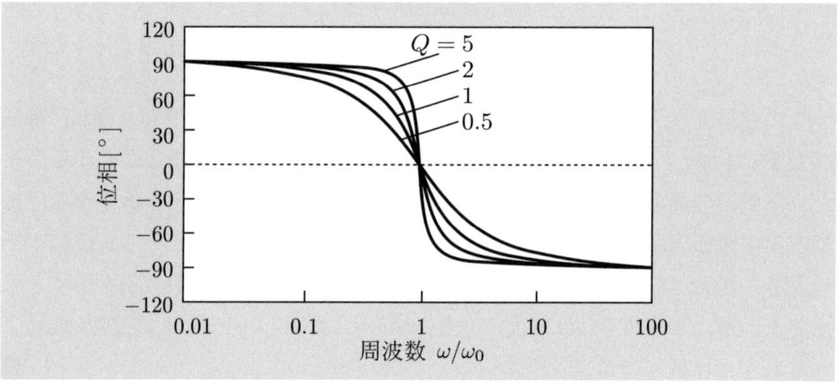

図 3.7　振動速度の位相の周波数特性

3.4　Q 値の物理的な意味と振動の過渡応答

図 3.3 の振動系において，共振周波数 ω_0 での振動速度振幅（振動速度の最大値）を v_0 とする．質点に貯えられる運動エネルギーの最大値 E_k は

$$E_\mathrm{k} = \frac{1}{2}\,mv_0^2 \tag{3.22}$$

であり，振動の 1 周期でダンパが消費するエネルギー E_d は

$$E_\mathrm{d} = \frac{1}{2}\,\mu v_0^2\,\frac{2\pi}{\omega_0} \tag{3.23}$$

である．これらと式 (3.15) により

$$Q = 2\pi\,\frac{\text{最大リアクティブエネルギー}}{\text{1 周期における消費エネルギー}} \tag{3.24}$$

の関係があることがわかる．この式 (3.24) が Q 値の本来の定義である．ここでいう**リアクティブエネルギー**とは，質点の運動エネルギーまたはばねの弾性エネルギーを指す．機械振動系では，質点とばねの間でリアクティブエネルギーを交換しながら振動を行うが，ダンパで消費するエネルギーよりもどれだけ大きなリアクティブエネルギーが蓄えられているかを示す指標が Q 値であるわけである．

Q 値が大きい場合には，振動速度が共振角周波数 ω_0 のときの値の $\frac{1}{\sqrt{2}}$ になる角周波数 ω_1 と ω_2 を用いて（$\omega_2 > \omega_1$），近似的に

$$Q = \frac{\omega_0}{\omega_2 - \omega_1} \tag{3.25}$$

と Q 値を計算できる．$f_1 = \frac{\omega_1}{2\pi}$, $f_2 = \frac{\omega_2}{2\pi}$ を用いれば

$$Q = \frac{f_0}{f_2 - f_1} \tag{3.26}$$

と書ける．これらは，$Q > 10$ であればよい近似であり，図 3.8 のように，測定した共振曲線から Q 値を求める際によく使われる関係である．しかし，Q 値が小さいときには誤差が出ることに注意が必要である．

ここまで，機械振動系の共振振動について，その定常状態の周波数特性を考えてきた．すなわち，加振力を加えてから十分な時間が経過し，振動振幅が一定になった状態について議論した．では，加振力を加えた直後や，加振力を止めた直後には振動系はどのような挙動を示すだろうか．これは電気等価回路で考え

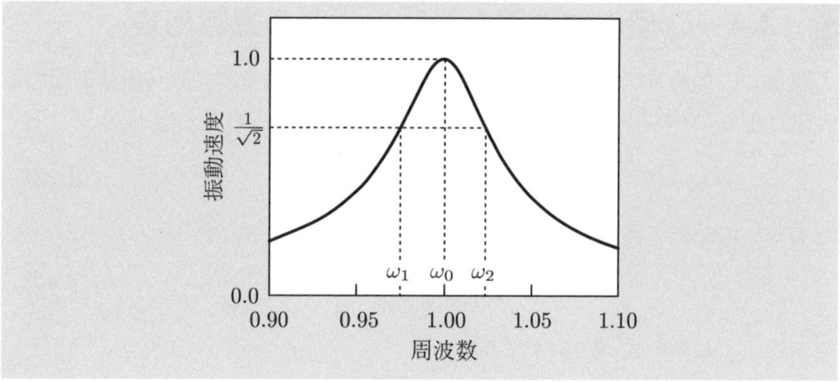

図 3.8 Q 値の大きい場合の共振周波数付近の振動速度

れば，過渡応答の問題として電気回路で学んでいるものである．ここでは解法の詳細は述べずに，その結果だけを説明しよう．図 3.3 の機械振動系にその共振周波数の振動的な加振力を与え始めた直後の振動速度の立ち上がりを図 3.9 に示す．また，定常的に振動しているときに加振力を止めた直後の振動速度の立ち下がりの様子もいっしょに示した．このように，加振力を加えても共振振動は急には立ち上がらないし，加振力を止めても急には止まらない．立ち上がりと立ち下がりの振動速度振幅の時間変化，すなわち振動速度の包絡線（図中の破線）の形はそれぞれ，

$$（立ち上がり）\ 1 - e^{-\frac{t}{\tau}} \qquad （立ち下がり）\ e^{-\frac{t}{\tau}}$$

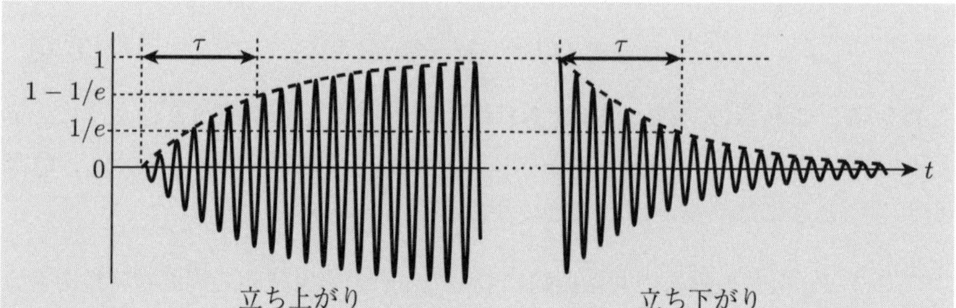

図 3.9 共振振動の過渡応答（$Q = 20$）

という関数で表せる．ここで，τ は**時定数**と呼ばれ，

$$\tau = \frac{2Q}{\omega_0} = \frac{Q}{\pi f_0} = \frac{Q}{\pi} T_0 \tag{3.27}$$

と Q 値と共振周波数あるいは周期 T_0 によって決まる．すなわち，振動の周期の $\frac{Q}{\pi}$ 倍が時定数になっている．このことは，質点の運動エネルギーやばねの弾性エネルギーであるリアクティブエネルギーをためるのに時間を要することを意味している．公園にあるブランコは質点の運動エネルギーと重力による位置エネルギーの間でリアクティブエネルギーを交換する振動系と考えることができるが，大きく振れるまでには何度か漕がないとならない．質点とばねの振動系もこのブランコと同じである．また，立ち下がり時には，蓄積されたリアクティブエネルギーをダンパで消費し切るまでに時間を要する．これが立ち下がりの時定数であり，Q 値が大きいほど時定数は長くなる．

立ち上がり特性 $1 - e^{-\frac{t}{\tau}}$ より，駆動を始めてから時定数 τ の時間で定常状態の振動振幅の約 63 % の振動振幅になることがわかる．また，立ち下がり特性 $e^{-\frac{t}{\tau}}$ から，駆動を停止してから時定数 τ の時間で定常状態の振動振幅の約 37 % の振動振幅になることがわかる．式 (3.27) の関係を用いれば，振動系の Q 値を，周波数特性の共振曲線からではなく，過渡特性の時定数から知ることができる．

最後に，機械振動系の過渡応答の問題として，図 3.3 の機械振動系に時刻 $t = 0$ で直流的な力 F_c を与えたときの質点の変位の時間変化 $x(t)$ について考えよう．これは，図 3.10 のような直列共振回路のキャパシタ電荷のステップ応答であるから，電気回路で学んだとおりの結果になる．すなわち，十分時間がたった後 $t = \infty$ では $x(\infty) = c_\mathrm{m} F_\mathrm{c}$ となるが，回路定数の組合せにより，その値に至る

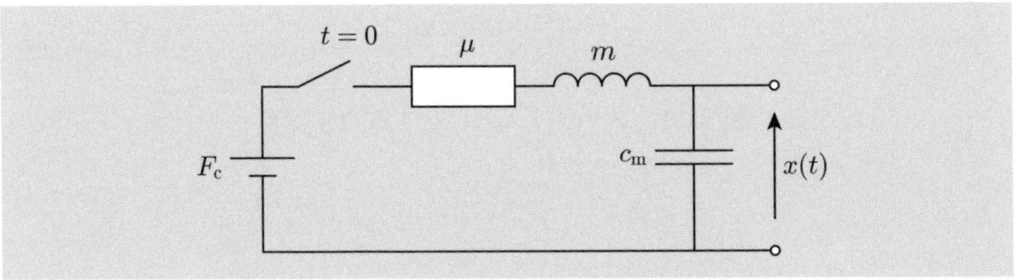

図 3.10　ステップ電圧を加える電気等価回路

経過が異なる．

(1)　$\frac{\mu^2}{4m^2} < \frac{1}{mc_{\mathrm{m}}} = \omega_0^2$ のときは減衰振動しながら定常値に落ち着く．

(2)　$\frac{\mu^2}{4m^2} > \frac{1}{mc_{\mathrm{m}}} = \omega_0^2$ のときは振動せずに定常値に漸近する．

(3)　$\frac{\mu^2}{4m^2} = \frac{1}{mc_{\mathrm{m}}} = \omega_0^2$ のときは振動せずに最も速く定常値に至る．

ここで，ω_0 は共振角周波数である．式 (3.15) から Q 値を用いれば，これらは

(1)　$Q > \dfrac{1}{2}$　　(2)　$Q < \dfrac{1}{2}$　　(3)　$Q = \dfrac{1}{2}$

と場合分けできる．変位の時間変化の様子を図 3.11 に示す．(1) の場合の振動の角周波数 ω は

$$\omega = \sqrt{\frac{1}{mc_{\mathrm{m}}} - \frac{\mu^2}{4m^2}} = \omega_0^2\sqrt{1 - \frac{1}{4Q^2}} \qquad (3.28)$$

であり，Q 値が高ければ共振角周波数となる．Q 値がそれほど高くないとき，減衰振動の周波数は共振周波数よりもやや低くなる．多くの系は質量とばねの両方の性質をもつので，目的に応じてダンパ係数や Q 値を適切に設定しなくてはならない．振動せずに最も速く定常値に至る (3) の場合を**臨界制動**という．

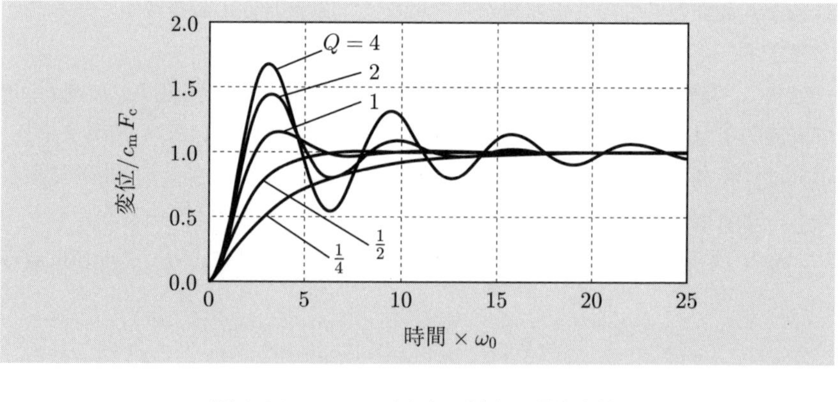

図 3.11　ステップ入力に対する過渡応答

3 章 の 問 題

□ **1**　エアコンの室外機の振動を防ぐために，防振ゴムの上に室外機を置く場合がある．その理由と効果を振動の理論の観点から説明せよ．

□ **2**　式 (3.25) は Q 値が大きい場合の近似であると述べた．Q 値が 1 より十分大きいと仮定して式 (3.25) を導け．

□ **3**　振動速度の大きさの周波数特性は式 (3.13) で，振動変位の大きさの周波数特性は式 (3.17) で示された．振動加速度の大きさの周波数特性を求めよ．

□ **4**　振動速度の位相の周波数特性を例題 3.3 で考えた．振動変位，振動加速度の位相の周波数特性はどのようになるか考えよ．

第4章

トランスデューサ

トランスデューサとは，エネルギーや信号の変換器を指す広い概念のことばであるが，本章では，電気信号を音響信号（音波）に変換するスピーカと，音響信号を電気信号に変換するマイクロフォンについて述べる．これらをまとめて**電気音響変換器**または**音響トランスデューサ**と呼ぶ．電話の発明のころから様々な原理のものが考えられてきたが，身近な機器でよく使われている動電型スピーカと静電型マイクロフォンを取り上げる．超音波では主に圧電トランスデューサが使われるが，それについては第9章で述べる．

4.1 動電型スピーカのしくみ

スピーカは電気信号を音波に変換して空中に放射するデバイスである．テレビやオーディオ装置，駅のアナウンス装置など，音を空中に出すところには必ず存在する．耳に直接あてるヘッドフォンや耳の穴の入り口に入れて使うイヤフォンもスピーカと基本構造は同じだが，耳という閉じた部分に音を出すので，設計の考え方や特性がスピーカとは少し異なっている．ここではスピーカについて述べる．

音を空中に出すにはある程度の面積をもった面を振動させる方法が取られる．1 kHz の純音を出したいのであれば，1 kHz の正弦波電圧（電流）をスピーカに与え，スピーカの振動板を 1 kHz で振動させて空中に 1 kHz の音波を放射する．声の波形の電気信号を加えれば，その声が音波となって空中に出される．

振動板を動かす力として磁界中の電流に働く力を利用するのが**動電型スピーカ（ダイナミック型スピーカ）**である．現在使われているスピーカのほとんどがこの方式に基づいている．図 4.1 のように磁界 B に直交する方向に電流 I を流すと，どちらにも直交する方向に力 F が生じる．力の方向はフレミングの左手の法則で示されるとおりである．十分な駆動力と適切な電気インピーダンスを得るために，実際のスピーカでは図 4.2 のように電線をコイル状としている．これを**ボイスコイル**と呼び，同心円に配置した永久磁石の N 極と S 極の間の円筒状ギャップの中に差し込まれている．この磁石は，実際には，磁石と磁性体金属の組合せから成っている．図 4.3 のように，ボイスコイルは軽いボビンに細い線が巻かれて振動板に接続されており，ボイスコイルに働く電磁力により振

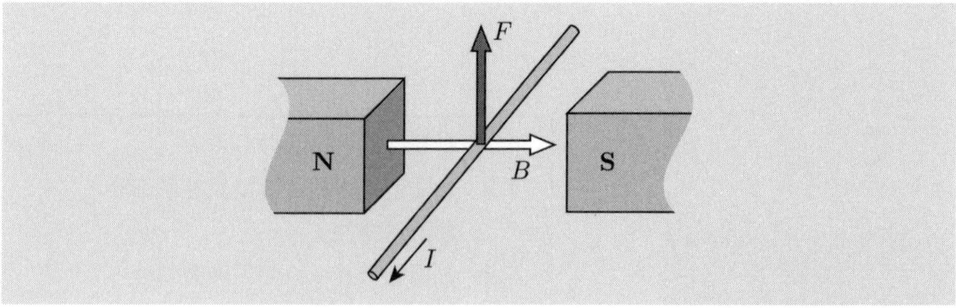

図 4.1 磁界中の電流と発生力

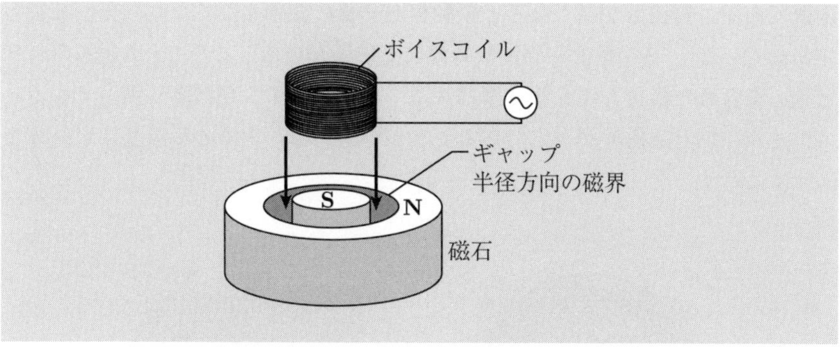

図 4.2　ボイスコイルと静磁界印加

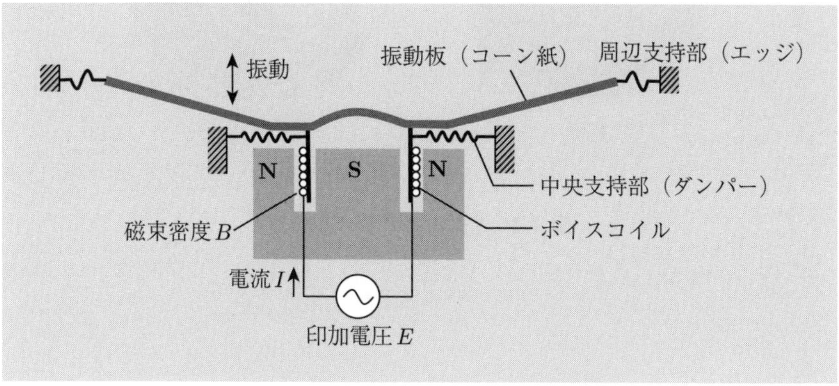

図 4.3　動電型スピーカの構造（断面図）

動板を動かす．振動板は紙やプラスチックなどで作られ，**コーン紙**と呼ばれる．振動板の多くは円形であるが，楕円形など他の形状も用途に応じて作られている．振動板はその周辺部と中心のボイスコイルの付け根あたりで金属フレームに接続されているが，接続部分を蛇腹状として，自由に振動しやすくなっている．この部分は比較的柔らかく，また，振動板の可動範囲が大きくなるように作られており，ボイスコイルに流れる信号電流に忠実に振動板が前後に動くような工夫がなされている．さらに，振動板の横ブレを防ぐと同時に，適当な機械損失をもっていて極端な共振を抑える役割も担っている．広い周波数範囲にわたって振動板をピストンのように前後に振動させたいが，実際にはなかなか困難である．周波数が高くなると振動板が一様に振動しなくなり（分割振動といわれている），音の放射や周波数特性にも影響が出る．また，永久磁石の材料と鉄心を含めた構造も注意深く選ばれる．ボイスコイルが大きく動いてもボイスコイルに加わる磁界が一定であることが望まれる．実際の動電型スピーカを図 4.4 に示す．

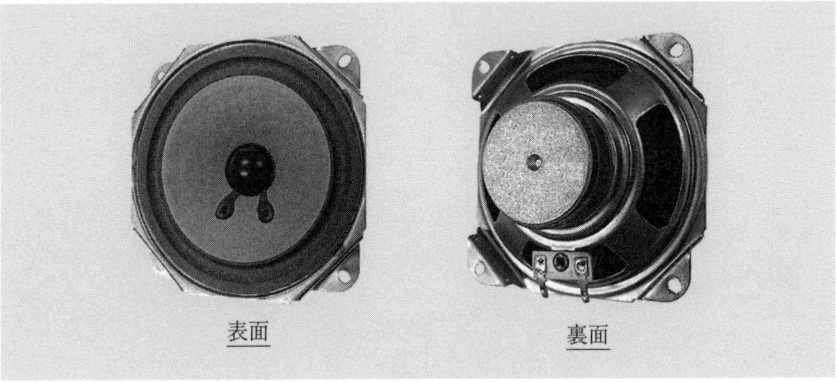

図 4.4　実際の動電型スピーカ

4.2　動電型スピーカの電気等価回路と電気的特性

ボイスコイルの巻線の全長を l，ギャップの磁束密度を B，ボイスコイルに流れる電流を I とすると，発生する電磁力 F は

$$F = BlI = AI \tag{4.1}$$

一方，振動板が振動速度 v で動くと，起電力 V がボイスコイルに生じる．

$$V = Blv = Av \tag{4.2}$$

これら 2 つの式で，A は

$$A = Bl \tag{4.3}$$

であり，電気系の電圧・電流と機械系の力・速度を結びつけている係数である．この A のことを**力係数**と呼ぶ．電気側から見ると，ボイスコイルのインピーダンスに加えて，式 (4.2) のように振動板の運動による起電力が現れるので，図 4.5 の電気等価回路が想定される．ボイスコイルの電気抵抗 R_{e} とインダクタンス L_{e} が電源と直列に入っている．

ここで，振動板が変形せずに剛体的に振動するとして（ピストン振動），その質量を m とし，それを支える部分の弾性とダンパ係数をそれぞれ c_{m} と μ としている．電気系と機械系の変換を式 (4.1), (4.2) の関係をもつブラックボックス A で表している．電流を力に，電圧を速度に変換する仮想的な変成器と考えればよい．なお，電気系の素子変数には大文字を，機械系の素子変数には小文字を割り当てるのが慣例となっている．

振動板は速度 v で振動して空中に音を放射し，反作用として力 F_{a} を受けるので，振動板には音響的な負荷としてのインピーダンス

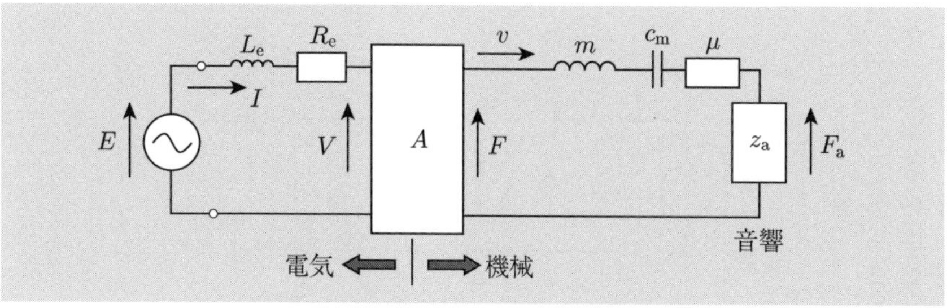

図 4.5　動電型スピーカの電気等価回路

$$z_{\mathrm{a}} = \frac{F_{\mathrm{a}}}{v} \tag{4.4}$$

が加わっていると考える．z_{a} は**放射インピーダンス**と呼ばれ，周波数によって変化する．

この電気等価回路について，式 (4.1) および (4.2) の関係に留意しながら，機械側の素子や負荷インピーダンスを電気側に移すと図 4.6 のようになる．電圧が速度に，電流が力に対応するので，機械系の直列共振回路が電気側では並列共振回路になっている．この回路の**駆動点インピーダンス** Z_{in} は

$$Z_{\mathrm{in}} = \frac{E}{I} = R_{\mathrm{e}} + j\omega L_{\mathrm{e}} + \frac{1}{j\omega\,\frac{m}{A^2} + \frac{1}{j\omega c_{\mathrm{m}} A^2} + \frac{\mu}{A^2} + \frac{z_{\mathrm{a}}}{A^2}} \tag{4.5}$$

と計算される．この駆動点インピーダンスの周波数特性を考えよう．

振動板を固定したとすると，振動速度 $v = 0$ であり，式 (4.2) より逆起電力 $V = 0$ となる．電源側から見込むと電気インピーダンス

$$Z_{\mathrm{inB}} = R_{\mathrm{e}} + j\omega L_{\mathrm{e}} \tag{4.6}$$

だけが現れる．これを**制止インピーダンス**と呼ぶ．振動板が振動する場合は，機械系の機械インピーダンスが電気側から見込んだインピーダンスにも現れる．機械系は図 4.6 のように並列共振回路であるため，この機械共振周波数

$$f_0 = \frac{1}{2\pi\sqrt{c_{\mathrm{m}} m}} \tag{4.7}$$

において機械インピーダンスが極大値を示す．電気系と機械系を合わせた入力インピーダンスを式 (4.5) に示したが，この大きさの周波数特性を図示すると図 4.7 のようになる．機械共振周波数 f_0 よりも高い周波数 f_{a} においてインピーダンスが極小値を示している．この周波数 f_{a} を**反共振周波数**と呼ぶ．これ

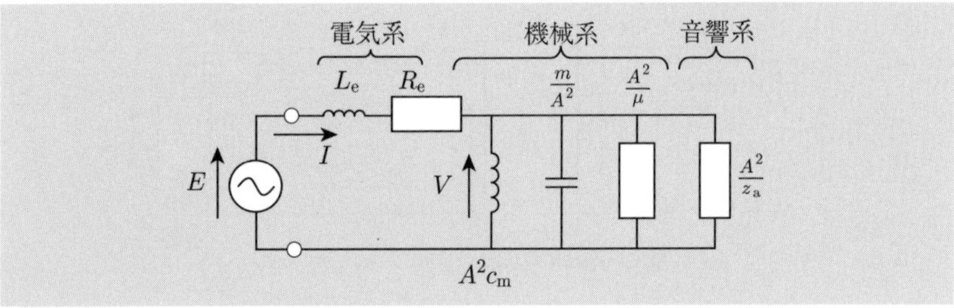

図 4.6　電気側から見た動電型スピーカの等価回路

は電気インダクタンス L_{e} と機械インダクタンス A^2c_{m} の並列接続による合成インダクタンスと機械キャパシタンス $\frac{m}{A^2}$ の共振であると考えられ，反共振周波数は

$$f_{\mathrm{a}} = \frac{1}{2\pi\sqrt{c_{\mathrm{m}}m}} \cdot \sqrt{1 + \frac{A^2c_{\mathrm{m}}}{L_{\mathrm{e}}}} \tag{4.8}$$

で与えられる．図 4.7 の入力インピーダンスの大きさを見ると，機械共振周波数 f_0 よりも少し低い周波数 f_{r} において極大値を示すことがわかる．なお，インピーダンスの極大値の大きさは振動板に加わる空気の放射インピーダンスによって変化する．例えば，このスピーカを真空中に置くと，図 4.7 の入力インピーダンスの極大値は大きくなる．このように，機械系の負荷の影響が電気系に現れるのがトランスデューサの特徴である．その影響が大きいほど電気系と機械系の結合が強いことを意味している．なお，振動板に加わる空気の放射インピーダンスは周波数によって変化する．図 4.7 は，振動板の機械共振周波数付近のみについて示したもので，放射インピーダンスはこの範囲で一定の実数と仮定した計算結果である．式 (4.5) は

$$Z_{\mathrm{in}} = R_{\mathrm{e}} + j\omega L_{\mathrm{e}} + \frac{A^2}{j\omega m + \frac{1}{j\omega c_{\mathrm{m}}} + \mu + z_{\mathrm{a}}} = Z_{\mathrm{e}} + \frac{A^2}{z_{\mathrm{m}} + z_{\mathrm{a}}} \tag{4.9}$$

と書き直せる．電気インピーダンス Z_{e} に加えて，機械インピーダンス z_{m} と音響的な放射インピーダンス z_{a} の和の影響が力係数 A の 2 乗を介して電気側に現れていることが読み取れる．一般的な動電型スピーカの入力インピーダンスの大きさは 4〜16 Ω であり，8 Ω が典型値である．

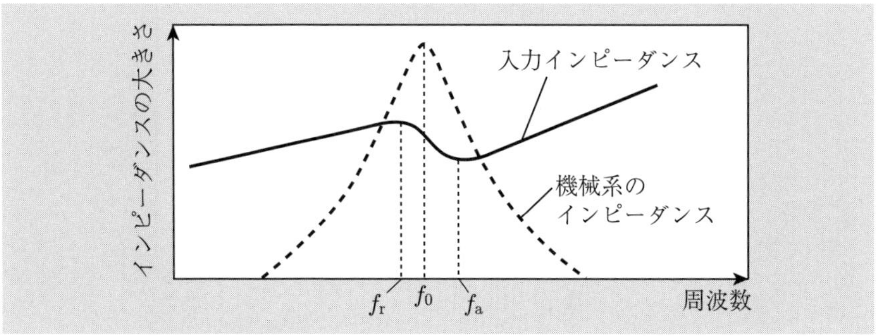

図 4.7 動電型スピーカの入力インピーダンスの周波数特性

4.3　動電型スピーカの周波数特性

一般的なスピーカでは，前節の式 (4.7) で与えられる機械共振周波数 f_0 は数 10〜100 Hz である．この周波数で振動板の振動速度が大きくなるが，スピーカから出る音圧の周波数特性は，振動板の放射特性などの影響も受ける．その概要を考えてみよう．

直径 D の振動板の放射インピーダンス z_{a} を計算することは本書の範囲を超えるので結果のみを述べると，$D > \frac{2\lambda}{\pi}$ においては空気の特性音響インピーダンスに振動板面積を掛けた値 $\frac{\pi D^2 \rho c}{4}$ にほぼ等しくなる．この値は実数であり，音響エネルギーが空中に放射される．ここに，ρ は空気の密度，c は空気中の音速であり，ρc が空気の特性音響インピーダンスである（第 5 章参照）．波長 λ からこの条件を周波数 f_{R} で書くと

$$f_{\mathrm{R}} = \frac{2}{\pi}\frac{c}{D} \tag{4.10}$$

となる．直径 100 mm のスピーカを仮定すると，f_{R} は 2000 Hz 程度となる．これよりも低い周波数では放射インピーダンスは周波数が下がるほど低下してゆく．しかし，振動板の機械共振周波数 f_0 を超えているので，周波数が上がると振動速度が低下する．このように 2 つの周波数依存性が存在する．周波数がさらに高くなると，振動板の分割振動が起きたり，振動する面積が限られたりすることが起きて，発生音圧は低下する傾向にある．これらをまとめると，動電型スピーカの周波数特性は図 4.8 のようになる．実際のスピーカの特性をみて

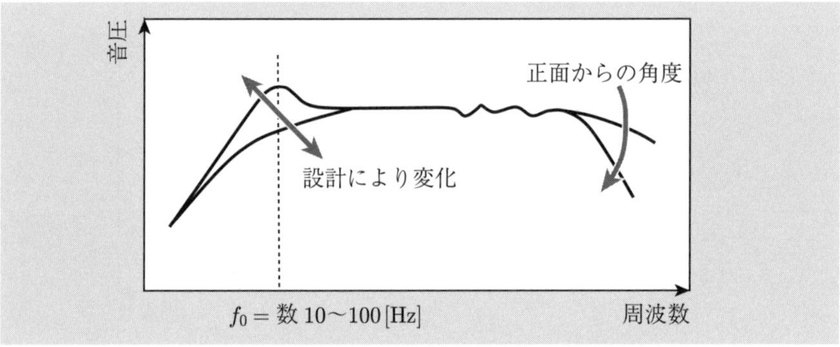

図 4.8　動電型スピーカの発生音圧の周波数特性

みると，機械共振の影響がわかりにくいものもあるが，ある周波数範囲で発生音圧がほぼ一様になるような設計になっている．

スピーカは振動板の裏から逆位相の音が出て，低周波では表から出る音との干渉も発生するので，十分大きな板（**バッフル板**）や閉じた箱（**エンクロージャ**）に取り付けて使う．スピーカの特性は，スピーカの前方1mの位置に置いた計測用マイクロフォンで音圧を測定し，評価することが多い．スピーカへの入力電力を1Wとしたときの音圧レベル（dB）が示される．同じスピーカでもエンクロージャや機器への組み込み方で特性が変化する．1つのスピーカで必要な周波数範囲をカバーできない場合は，2つか3つの特性の異なったスピーカを組み合わせて使うことも行われる．その際，低音用のスピーカは**ウーハ**，高音用のスピーカは**ツイータ**と呼ばれる．

■ 例題 4.1

電磁力を使うスピーカには，動電型の他に**マグネチック型**（**電磁型**）がある．かつては電話機（いわゆる黒電話）の受話器にも使われた．現在では，イヤフォンの一部に使われている．その動作原理を説明せよ．

【解答】　図4.9のように電磁石の吸引力を使い，磁性体の振動板を振動させる．コイルの電流の正負により，振動板が前後に動くように，永久磁石で吸引力にバイアスをかけておく．振動板との距離により吸引力が変わるので，電流と吸引力が比例する範囲が狭く非線形性が出やすいが，構造が簡単である利点がある．

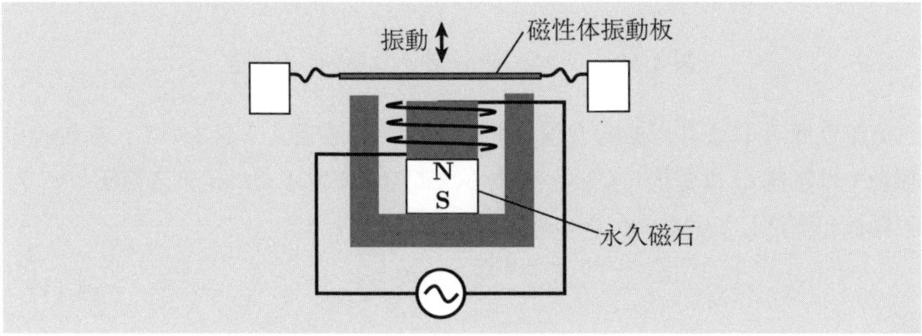

図 4.9　マグネチック型の原理　■

4.4　静電型マイクロフォンのしくみ

音を電気信号に変換するトランスデューサが**マイクロフォン**であり，いくつかの方式がある．スマートフォンやパソコン，タブレットに使われるのが**静電型マイクロフォン**である．キャパシタ（コンデンサ）は平行な金属電極 2 枚で静電荷を蓄えるが，図 4.10 のように，その片方を振動板としたものが静電型マイクロフォンであり，**コンデンサマイクロフォン**とも呼ばれる．電荷 Q が蓄えられた状態で振動板と背面電極との間隔 g が変化すると，それに応じて電極間の電圧 V が変化する．従って，振動板の振動が電圧変化として出力される．振動板は音による空気の圧力変化（音圧という：第 5 章参照）に応じて変位するので，音圧 p が電圧 V に変換される．

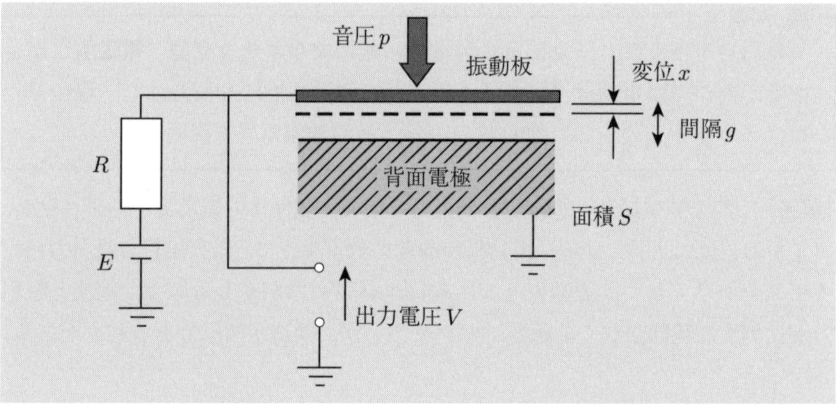

図 4.10　コンデンサマイクロフォンの構造

直流電源 E により，抵抗 R を介して電荷量 Q が蓄えられている．振動板の振動では電荷 Q は変化しないと考える．この直流電圧を**バイアス電圧**という．振動板が変位していないときの静電容量を C_0 として，

$$E = \frac{Q}{C_0} = \frac{g}{\varepsilon S} Q \tag{4.11}$$

である．ε は空気の誘電率，S は振動板の面積である．振動板が x だけ変位し，電圧が ΔV だけ変化したとすると，

$$E + \Delta V = \frac{g - x}{\varepsilon S} Q \tag{4.12}$$

であり，マイクロフォンとしての出力電圧は

$$\Delta V = \frac{-x}{\varepsilon S} Q = -\frac{x}{g} E \tag{4.13}$$

と振動板の変位に比例する．変位は振動板に加わる音圧に比例するので，音圧に比例した電圧が得られる．

振動板あるいは固定電極に半永久的に静電気を帯びたエレクトレットという材料を用いることで，バイアス電圧を不要にしたものを**エレクトレットコンデンサマイクロフォン**（ECM）と呼ぶ．ECM の出力インピーダンスは高いので，J-FET（接合型電界効果型トランジスタ）によるインピーダンス変換回路を組み込んだ ECM ユニットとして使われている．これは図 4.11 のように，1〜3 V の直流電源，数 kΩ の負荷抵抗，カップリングコンデンサ C_{C} と電源バイパスコンデンサ C_{B} などの外付け部品で動作をさせることができる．

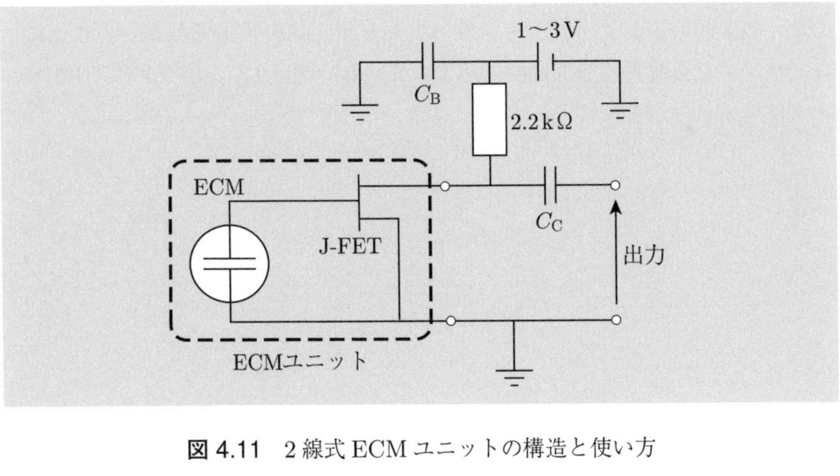

図 4.11 2 線式 ECM ユニットの構造と使い方

これまで，小型機器に使われるコンデンサマイクロフォンの多くは ECM であったが，半導体微細加工技術を用いた **MEMS マイクロフォン**に急速に置き換えられている．MEMS とは micro electro mechanical systems の略で，シリコン加工技術と集積回路技術により，振動板，バイアス電圧発生回路，インピーダンス変換回路を小さなパッケージに集約している．アナログ–ディジタ

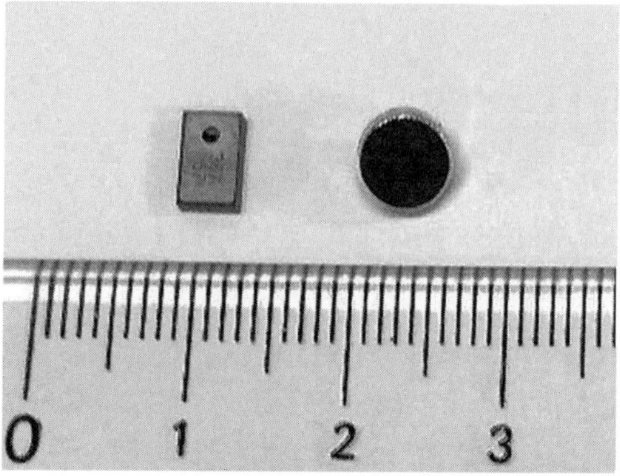

図 4.12　ECM（右）と MEMS マイクロフォン（左）

ル変換回路もいっしょに数 mm のパッケージに搭載した MEMS マイクロフォンが大量生産されており，マイクロフォンの出力もディジタル信号となっている．ディジタル信号は雑音に強く，マイクロフォンの搭載位置の自由度が高い．また，熱に弱いエレクトレットを使っておらず，他の電子部品といっしょにフローハンダで表面実装基板に組み込まれている．図 4.12 に ECM と MEMS マイクロフォンの例を示す．

4.5　静電型マイクロフォンの特性

静電型マイクロフォンの電気等価回路を図 4.13 に示す．音圧 p が面積 S の振動板に加わり，これが駆動力 F_{a} となる．振動板の振動特性を質量 m，弾性係数 c_{m}，機械損失 r_{m} の直列接続で表している．振動板と背面電極の間の間隔は小さく，振動板が変位すると，ここにある空気は圧縮あるいは伸縮されると同時に，横方向に流れる．従って，これらの機械要素は振動板に加えて空気の挙動も含めたものを代表している．力係数 α は

$$F = \alpha V \tag{4.14}$$

$$I = \alpha v \tag{4.15}$$

のように機械系と電気系を関係づけている．動電型の式 (4.1), (4.2) と比べて，力，速度と電圧，電流の関係が逆になっていることを確認してほしい．C_0 は振動板と背面電極間の静電容量であり，R_{L} は電気端子に接続した負荷抵抗である．

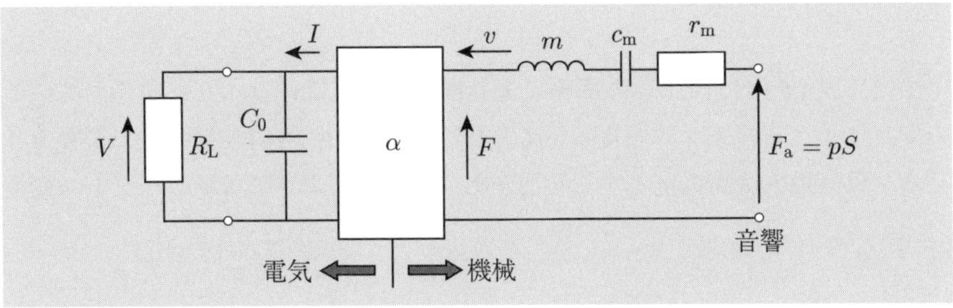

図 4.13　コンデンサマイクロフォンの電気等価回路

機械要素による共振は，周波数

$$f_0 = \frac{1}{2\pi\sqrt{c_{\mathrm{m}} m}} \tag{4.16}$$

で起こり，振動板の変位が大きくなって出力電圧が大きくなる．この周波数よりも低い周波数では音圧に対する振動板の変位は一定となり，出力電圧は周波数によらない．振動板と背面電極の間の空間が閉じていれば周波数 0，すなわち静圧にも感度をもつ．しかし，通常は，気圧変化による影響を避けるために，

外界との通気孔を作ることで静圧感度はもたないようにしている．機械共振周波数よりも高い周波数では感度が低下する．図 4.14 にコンデンサマイクロフォンの周波数特性の概形を示す．このように機械共振周波数が使用周波数の上限になっており，これは動電型スピーカの性質とは異なっていることがわかる．振動板は周辺固定の張力をかけた膜として振る舞うので，その共振周波数は張力を T，面密度を σ，直径を D として

$$f_0 \propto \frac{1}{D}\sqrt{\frac{T}{\sigma}} \tag{4.17}$$

である．この式より，共振周波数を高くして上限周波数を上げるには，密度の小さい材料で作った振動板に大きな張力をかける必要があることがわかる．このため，チタン合金やアルミニウム合金，あるいは金属を蒸着した樹脂フィルムが振動板に用いられる．また，式 (4.17) より，振動板の直径を小さくすれば高周波化できることがわかるが，同じ音圧に対する変位量が小さくなる．これらのため，図 4.14 のように，高周波化すると感度の低下は避けられない．振動板の共振によるピークを抑えるために，固定電極の表面に溝や穴を設けるなどして，振動板と固定電極の間の空気の動きに対する抵抗を制御することが行われる．

また，式 (4.14), (4.15) の関係により機械系と電気系は相互に関係しているので，マイクロフォンの静電容量 C_0 と負荷抵抗 R_{L} も周波数特性に影響を与える．負荷抵抗は高抵抗とする必要があり，前述のようにインピーダンス変換

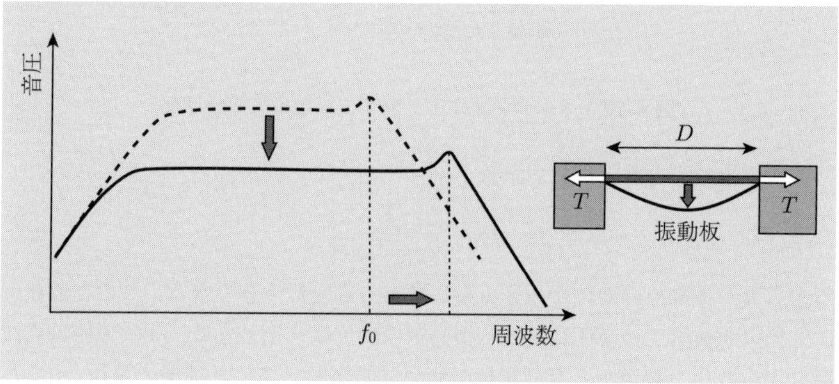

図 4.14 コンデンサマイクロフォンの周波数特性

回路をマイクロフォンの直後に設ける.

マイクロフォンの感度は，1 Pa の音圧が与えられたときに 1 V の電圧を出力する場合を 0 dB として，dB 表示されることが多い．計測用に校正されたコンデンサマイクロフォンでは，その口径により，1 インチ型，1/2 インチ型，1/4 インチ型などと呼ばれることがある．現在では 1/2 インチ型や 1/4 インチ型が主に使われ，これらの上限周波数は 10～数 10 kHz か 100 kHz 近い．より高周波の測定には 1/8 インチ型が利用される.

4 章 の 問 題

□ **1** 小口径のスピーカと大口径のスピーカの特徴を挙げよ.

□ **2** 本章で述べた以外の原理のスピーカについて調べよ.

□ **3** 0.1 Pa の音圧を加えたときに 2 mV の電圧を出力するマイクロフォンがある．このマイクロフォンの感度は何 dB か.

□ **4** 小型機器ではもっぱらコンデンサ型マイクロフォンが使われている．動電型の原理によるマイクロフォンの構造や使い道について調べよ.

第5章

音 波 の 性 質

音は気体や液体などの媒質の中を波動として伝わる．これは媒質が弾性と質量という２つの性質をもつためである．本章では，その振る舞いを記述する音波の波動方程式を導き，１次元に伝わる平面波の基本的な性質を学ぶ．また，１次元の波動の解析に便利な行列表現を示し，進行波と反射波の干渉として現れる定在波の性質を学ぶ．

5.1 音波の波動方程式の導出

第1章で述べたように，音は疎密波であり，縦波である．音を伝えるものを**媒質**というが，本章では気体や液体，すなわち流体を媒質とする場合について考える．まずは，気体中の音についてみてみよう．

音が伝わるとき，媒質である気体は音の伝わる方向に伸び縮みをする．音の周波数は低くても数10 Hzであり，この周波数で気体が圧縮，拡張を繰り返す．このため，伸縮に伴う熱の移動は間に合わないと考え，断熱変化を仮定する．また，その体積変化の割合は，人が耳で聴く音では大変小さいと考えられる．圧力を P，体積を V，比熱比を γ として，気体の断熱変化の法則から

$$PV^{\gamma} = 一定 \tag{5.1}$$

である．大気圧を P_0，大気圧下の体積を V_0 とし，圧力が p だけ変化したときの体積変化を $\varDelta V$ とすると，式(5.1)の性質から，

$$P_0 V_0^{\gamma} = (P_0 + p)(V_0 + \varDelta V)^{\gamma} \tag{5.2}$$

ここで，前述のように

$$p \ll P_0, \quad \varDelta V \ll V_0 \tag{5.3}$$

を仮定すると，式(5.2)の右辺は近似的に

$$(P_0 + p)(V_0^{\gamma} + \gamma V_0^{\gamma-1} \varDelta V)$$

となる．ここで，微小量 $\varDelta V$ の1次を超える項を0としている．これを用いて，式(5.2)は

$$P_0 V_0^{\gamma} = P_0 V_0^{\gamma} + P_0 \gamma V_0^{\gamma-1} \varDelta V + p V_0^{\gamma} + p \gamma V_0^{\gamma-1} \varDelta V \tag{5.4}$$

と計算される．さらに，微小量 p と $\varDelta V$ の積を含む右辺第4項を0とみなせば，

$$\frac{p}{P_0} = -\gamma \frac{\varDelta V}{V_0} \tag{5.5}$$

が得られる．負号は，正の圧力では気体が圧縮され体積が減ることを意味している．

次に，音波が伝搬している媒質のある場所 (x, y, z) から切り出した微小な体積 $\varDelta V = \varDelta x\, \varDelta y\, \varDelta z$ の立方体を図5.1に示す．ここでは，簡単のため，x 方

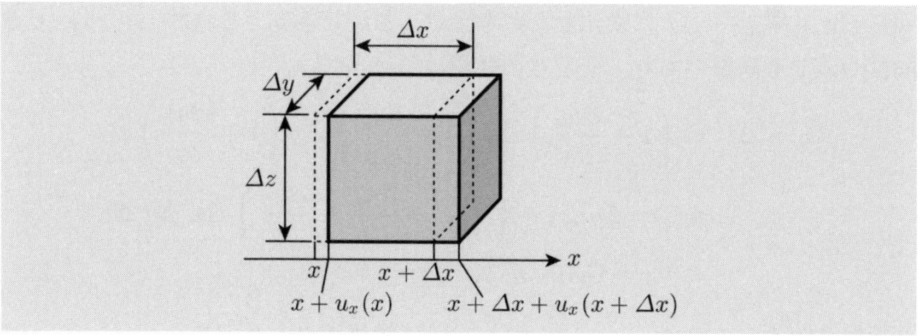

図 5.1 微小領域の変位

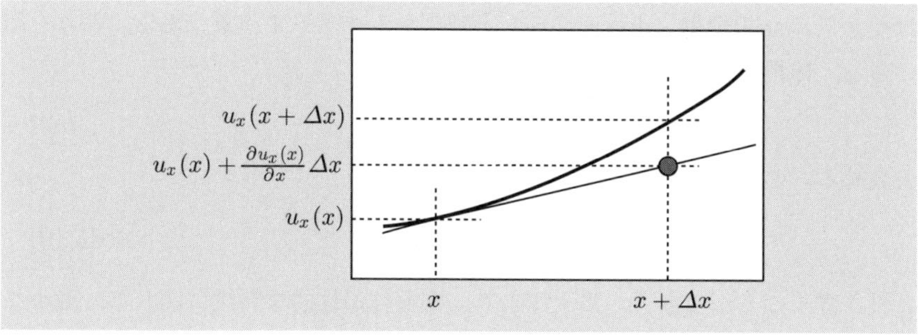

図 5.2 変位量の線形近似

向の変位のみを表示している．疎密波であるから，この微小領域は時間 Δt 後には x 方向に変位すると同時に伸縮変形をしている．位置 x での変位を $u_x(x)$ とすると，位置 $x+\Delta x$ での変位は $u_x(x+\Delta x)$ である．位置 x の面は位置 $x+u_x(x)$ に移動し，位置 $x+\Delta x$ の面は位置 $x+\Delta x+u_x(x+\Delta x)$ に移動する．

この微小領域付近の変位の様子を示したものが図 5.2 である．ここで，位置 $x+\Delta x$ での変位 $u_x(x+\Delta x)$ について，位置 x での傾きを用いて位置 x での変位 $u_x(x)$ から線形に延長して近似すると，

$$u_x(x+\Delta x) \approx u_x(x) + \frac{\partial u_x(x)}{\partial x}\Delta x \tag{5.6}$$

と計算することができる．これより，図 5.1 の微小立方体の一辺の長さは Δx

から $\Delta x+\frac{\partial u_x(x)}{\partial x}\Delta x$ に変化したと考えることができる．これは，y 方向，z 方向についても同様であり，変位後の体積は

$$
\begin{aligned}
V_0+\Delta V&=\left(1+\frac{\partial u_x}{\partial x}\right)\Delta x\left(1+\frac{\partial u_y}{\partial y}\right)\Delta y\left(1+\frac{\partial u_z}{\partial z}\right)\Delta z\\
&\approx \Delta x\,\Delta y\,\Delta z+\left(\frac{\partial u_x}{\partial x}+\frac{\partial u_y}{\partial y}+\frac{\partial u_z}{\partial z}\right)\Delta x\,\Delta y\,\Delta z\\
&=V_0+V_0\operatorname{div}\boldsymbol{u} \qquad (5.7)
\end{aligned}
$$

と近似される．ここで，$\boldsymbol{u}=(u_x,u_y,u_z)$ は**変位ベクトル**であり，

$$
\operatorname{div}\boldsymbol{u}=\frac{\partial u_x}{\partial x}+\frac{\partial u_y}{\partial y}+\frac{\partial u_z}{\partial z} \qquad (5.8)
$$

はベクトル $\boldsymbol{u}$ の**発散**（divergence）と呼ばれるベクトル演算である．これを用いると，体積変化は

$$
\Delta V=V_0\operatorname{div}\boldsymbol{u} \qquad (5.9)
$$

と表せる．これより，式 (5.5) の関係は

$$
p=-\gamma P_0\operatorname{div}\boldsymbol{u} \qquad (5.10)
$$

と書き直すことができる．以上により，媒質の弾性的な特性に関して，微小な音圧，微小な変位の下では変位の発散が音圧に比例するという線形化が完了したことになる．

次に，音波伝搬に関して，注目する微小体積の運動の法則を整理しよう．ここでも，まず，x 方向について考える．図 5.3 のように，位置 x の微小面に働く力は $p(x)\,\Delta y\,\Delta z$ である．位置 $x+\Delta x$ の微小面に働く音圧は変位と同様に線形近似を考えて，

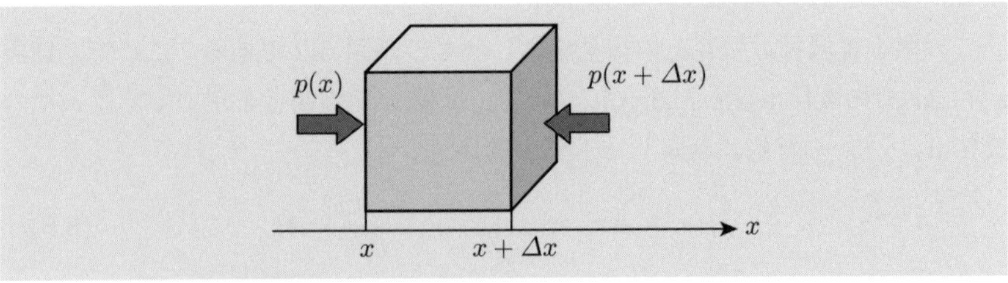

図 5.3 微小体積に加わる音圧（x 軸方向）

$$p(x + \Delta x) \approx p(x) + \frac{\partial p(x)}{\partial x}\,\Delta x \tag{5.11}$$

と書くことができる．これら 2 つの面に働く力の差分が微小体積に x 方向に働く力となる．力の向きに注意して，x 方向の**運動方程式**は

$$p(x)\,\Delta y\,\Delta z - p(x + \Delta x)\,\Delta y\,\Delta z = \rho\,\Delta V\,\frac{\partial^2 u_x}{\partial t^2} \tag{5.12}$$

となる．式 (5.11) を代入し，$\Delta V = \Delta x\,\Delta y\,\Delta z$ の関係を用いると，

$$-\frac{\partial p}{\partial x} = \rho\,\frac{\partial^2 u_x}{\partial t^2} \tag{5.13}$$

が得られる．y 方向，z 方向についても式 (5.13) と同様であり，

$$-\frac{\partial p}{\partial y} = \rho\,\frac{\partial^2 u_y}{\partial t^2} \tag{5.14}$$

$$-\frac{\partial p}{\partial z} = \rho\,\frac{\partial^2 u_z}{\partial t^2} \tag{5.15}$$

のように，それぞれ運動方程式が得られる．これらをまとめてベクトル表示すれば，

$$-\mathrm{grad}\,p = \rho\,\frac{\partial^2 \boldsymbol{u}}{\partial t^2} \tag{5.16}$$

と書ける．ここに，$\mathrm{grad}\,p$ はスカラー量 p の**傾き**（gradient）を表すベクトル量である．

$$\mathrm{grad}\,p = \left(\frac{\partial p}{\partial x}, \frac{\partial p}{\partial y}, \frac{\partial p}{\partial z}\right) \tag{5.17}$$

式 (5.10) と式 (5.16) から変位 $\boldsymbol{u}$ を消去すると，

$$\frac{\partial^2 p}{\partial x^2} + \frac{\partial^2 p}{\partial y^2} + \frac{\partial^2 p}{\partial z^2} = \frac{1}{c^2}\,\frac{\partial^2 p}{\partial t^2} \tag{5.18}$$

が得られる．これが音圧 p に関する音波の**波動方程式**である．微分演算子

$$\nabla^2 \equiv \frac{\partial^2}{\partial x^2} + \frac{\partial^2}{\partial y^2} + \frac{\partial^2}{\partial z^2} \tag{5.19}$$

を用いて

$$\nabla^2 p = \frac{1}{c^2}\,\frac{\partial^2 p}{\partial t^2} \tag{5.20}$$

と書くこともある．なお，ここに，

$$c = \sqrt{\frac{\gamma P_0}{\rho}} \tag{5.21}$$

は波が伝わる速度，すなわち**音速**である．このように，気体の音速は静圧（気圧）P_0 と気体の比熱比 γ と密度 ρ により書けることがわかる．しかし，静圧が大きくなると気体は圧縮されて密度も大きくなるので，音速は静圧が変わってもそれほど大きくは変化しない．むしろ，気体の音速は温度の影響を受ける．空気の場合，T を摂氏の温度 [°C] として，常温付近では

$$c = 331 + 0.6T \ [\mathrm{m/s}] \tag{5.22}$$

と近似される．空気の音速の代表値として 340 m/s が用いられることが多いが，これは気温 15 °C における音速である．また，音速と同じ速さを**マッハ 1** としてジェット機やロケットの速さを表示することがある．マッハ 1 は 1224 km/h に相当する．

例題 5.1

流体の**体積弾性率**は

$$K = -V_0 \frac{\Delta P}{\Delta V} \tag{5.23}$$

と定義される．体積弾性率 K と密度 ρ を用いて音速を示せ．さらに水中の音速を求めよ．

【解答】　式 (5.23) で圧力変化 ΔP は音波の音圧 p に相当する．従って，式 (5.10) の関係は

$$p = -K \operatorname{div} \boldsymbol{u} \tag{5.24}$$

と書き換えられる．これと式 (5.16) の運動方程式より，

$$\nabla^2 p = \frac{\rho}{K} \frac{\partial^2 p}{\partial t^2} \tag{5.25}$$

という波動方程式が導かれる．これより，音速は

$$c = \sqrt{\frac{K}{\rho}} \tag{5.26}$$

と体積弾性率と密度で示される．この関係を用いると，水の 20 °C における体積弾性率を 2.19 GPa，密度を 1000 kg/m^3 として，水中の音速は 1480 m/s と計算される．空気中の 4 倍以上速く音が伝わることがわかる．■

線形近似が成り立たないとき

第 1 章の表 1.1 にあるように，かなり大きな音でも，われわれの身のまわりの音の音圧は高々数 10 Pa である．大気圧 100 kPa の 1000 分の 1 以下ということになる．そのため式 (5.5) を導くのに使った近似が妥当なわけである．しかし，もう少し音圧を上げるとこの近似が成り立たなくなってくる．音圧が小さいという近似においては，媒質のばねとしての強さ（弾性係数）が一定であると考えているわけであるが，音圧が大きい場合には圧力によって弾性係数も変化する．すなわち，音の 1 周期の内，圧力が大きい瞬間には媒質は硬く（弾性係数が大きく），圧力が小さい瞬間には媒質は柔らかく（弾性係数が小さく）なる．このため，圧力が大きい瞬間には音速が大きくなり，圧力が小さい瞬間には音速が小さくなると考えられる．この場合，正弦波の音圧を発生させたとしても，媒質中を進んでゆくうちに，図 5.4 のように，音圧波形が徐々に前のめりになる．このように音圧波形が歪《ひず》むことは，2 倍や 3 倍の周波数成分が発生することを意味している．

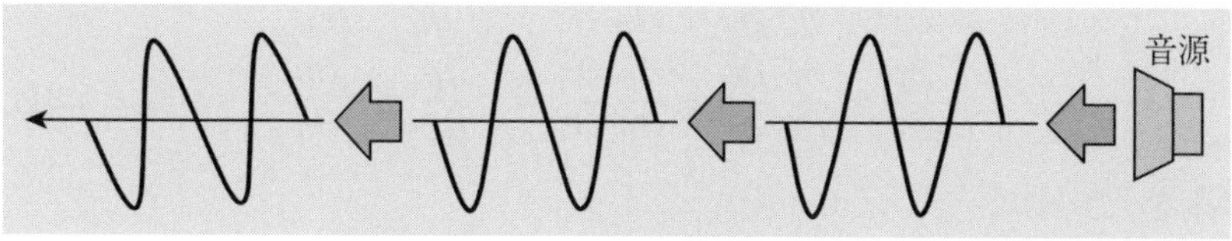

図 5.4　大きな音の波形の歪み

一方，変位の性質や運動方程式を導く過程で導入した微小変位の仮定も大きな音では適用できなくなる．この仮定が適用できる範囲では，媒質のある一点に着目すると，その点はその場所にとどまりながら振動する．つまり，媒質は振動するだけで動かない．しかし，大きな音で変位が大きいと，この仮定も成り立たなくなり，媒質が少しずつ一方向に移動する場合がある．この現象は**音響流**と呼ばれ，特に水中で強力な超音波をビーム状に伝搬させた場合などに観測される．音響流については第 10 章でも述べる．

5.1 節で見てきたように，音波の波動方程式を導く過程でいくつかの線形化処理を行っている．これは人が耳で聴くような音に対してはよい近似であるが，音の現象はそもそも非線形の要素を含んでいることをときどき思い出す必要がある．

5.2 波動方程式の解

音波の振る舞いは式 (5.18) あるいは式 (5.20) の波動方程式により記述される．これからその具体例をみてゆこう．まずは，一般的なものとして，**ダランベール**（d'Alembert）**の解**と呼ばれるものをみてみよう．簡単のため，1 次元の場合とする．すなわち，x 方向にのみ伝搬し，y 方向と z 方向には変化がないので，$\frac{\partial p}{\partial y} = 0$, $\frac{\partial p}{\partial y} = 0$ である．よって，波動方程式は

$$\frac{\partial^2 p}{\partial x^2} = \frac{1}{c^2} \frac{\partial^2 p}{\partial t^2} \tag{5.27}$$

である．ここで，t を時間として

$$\zeta = ct - x \tag{5.28}$$

$$\eta = ct + x \tag{5.29}$$

とおくと，

$$\frac{\partial p}{\partial x} = \frac{\partial p}{\partial \zeta} \frac{\partial \zeta}{\partial x} + \frac{\partial p}{\partial \eta} \frac{\partial \eta}{\partial x} = -\frac{\partial p}{\partial \zeta} + \frac{\partial p}{\partial \eta} \tag{5.30}$$

$$\frac{\partial p}{\partial t} = \frac{\partial p}{\partial \zeta} \frac{\partial \zeta}{\partial t} + \frac{\partial p}{\partial \eta} \frac{\partial \eta}{\partial t} = c \frac{\partial p}{\partial \zeta} + c \frac{\partial p}{\partial \eta} \tag{5.31}$$

である．さらに，

$$\frac{\partial^2 p}{\partial x^2} = \frac{\partial^2 p}{\partial \zeta^2} - 2 \frac{\partial^2 p}{\partial \zeta \partial \eta} + \frac{\partial^2 p}{\partial \eta^2} \tag{5.32}$$

$$\frac{\partial^2 p}{\partial t^2} = c^2 \frac{\partial^2 p}{\partial \zeta^2} + 2c^2 \frac{\partial^2 p}{\partial \zeta \partial \eta} + c^2 \frac{\partial^2 p}{\partial \eta^2} \tag{5.33}$$

とそれぞれの 2 階微分が求められる．これを式 (5.27) に代入すると，

$$\frac{\partial^2 p}{\partial \zeta \partial \eta} = \frac{\partial}{\partial \zeta} \left(\frac{\partial p}{\partial \eta} \right) = 0 \tag{5.34}$$

のように，波動方程式は ζ と η で書ける．式 (5.34) より，$\frac{\partial p}{\partial \eta}$ は η のみの関数であるので，

$$\frac{\partial p}{\partial \eta} = h(\eta) \tag{5.35}$$

とおく．この両辺を η に関して積分すると

$$p(x,t) = \int h(\eta)\, d\eta + f(\zeta) \tag{5.36}$$

と書ける．ここに，$f(\zeta)$ は η によらない積分定数である．

$$\int h(\eta)\,d\eta = g(\eta) \tag{5.37}$$

とおくと，

$$p(x,t) = f(\zeta) + g(\eta) = f(ct - x) + g(ct + x) \tag{5.38}$$

が得られる．この式は x 軸右向き，左向きにそれぞれ速度 c で進む任意波形の波の重ね合わせが波動方程式の一般的な解であることを示している．これがダランベールの解である．

次に，音圧が正弦的に変化する場合について考えよう．角周波数 ω と波数 k を用いて，A, B を定数として，例えば

$$p(x,t) = A\cos(\omega t - kx) + B\cos(\omega t + kx) \tag{5.39}$$

$$\omega = kc \tag{5.40}$$

は波動方程式の解である．運動方程式 (5.13) を**粒子速度** v_x で書き直すと，

$$-\frac{\partial p}{\partial x} = \rho\,\frac{\partial v_x}{\partial t} \tag{5.41}$$

となる．ここで，x 正方向に進む成分のみを考える．すなわち，式 (5.39) において $B = 0$ として，式 (5.41) から粒子速度は

$$v_x(x,t) = \frac{kA}{\rho\omega}\cos(\omega t - kx) \tag{5.42}$$

と書ける．すると，音圧と粒子速度の比は

$$z_{\mathrm{c}} = \frac{p(x,t)}{v_x(x,t)} = \rho c \tag{5.43}$$

のように媒質の物性で決まる定数となる．この z_{c} を**特性音響インピーダンス**と呼んでいる．一方向のみに進む成分のみが存在する**進行波**の場合，音圧と粒子速度の比は常に一定であることを示している．

■ **例題 5.2**

式 (5.38) の $f(ct-x)$ と $g(ct+x)$ が，ともに同じ大きさ，同じ形状の矩形波であり，互いに近づきつつある．この後のこの音波の挙動を図に描け．

【解答】 線形な重ね合わせが起きるので，図 5.5 に示すようになる．

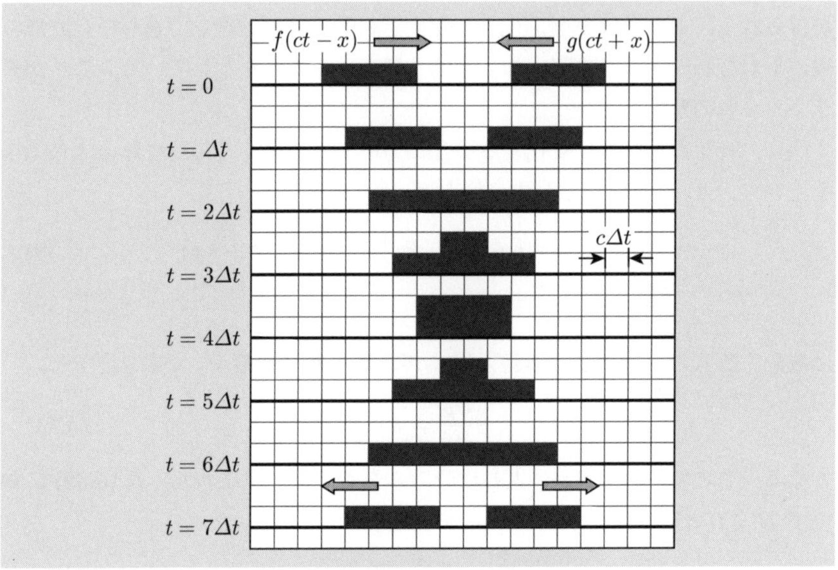

図 5.5　互いに近づく 2 つの矩形波 ■

5.3 反射と透過

式 (5.39) のような，ある角周波数 ω の正弦波による解を**調和解**という．ところで，電気回路で学ぶ交流回路では，ある角周波数 ω に関する回路の応答を，複素数を使った記号演算によって解いている．すなわち，式 (5.39) のような三角関数を使う代わりに，$j^2 = -1$ として

$$e^{j\theta} = \cos\theta + j\sin\theta \tag{5.44}$$

の関係を利用して

$$p = Ae^{j(\omega t - kx)} + Be^{j(\omega t + kx)} = (Ae^{-jkx} + Be^{jkx})e^{j\omega t} \tag{5.45}$$

と表す．さらに，常に現れる $e^{j\omega t}$ は明には表示しないこととして，

$$p = Ae^{-jkx} + Be^{jkx} \tag{5.46}$$

と書く．この表示法を利用すると，時間に関する微分演算は $j\omega$ を掛ければよいことがわかる．変位ベクトル $\boldsymbol{u} = (u_x, u_y, u_z)$ と粒子速度ベクトル $\boldsymbol{v} = (v_x, v_y, v_z)$ は

$$\boldsymbol{v} = j\omega\boldsymbol{u} \tag{5.47}$$

という関係にある．また，式 (5.10) と式 (5.16) はそれぞれ

$$j\omega p = -\gamma P_0 \operatorname{div}\boldsymbol{v} \tag{5.48}$$

$$-\operatorname{grad} p = j\omega\rho\boldsymbol{v} \tag{5.49}$$

と書き換えられる．これらから波動方程式は

$$\nabla^2 p + k^2 p = 0 \tag{5.50}$$

となる．式 (5.49) より x 軸方向に伝わる平面波の粒子速度 v_x は

$$v_x = \frac{1}{z_{\mathrm{c}}}(Ae^{-jkx} - Be^{jkx}) \tag{5.51}$$

と特性音響インピーダンス z_{c} を用いて書くことができる．ここで注意すべきなのは，音圧と比べて，粒子速度では第 2 項すなわち x 負方向に進む成分に負号が付いている点である．

次に，2つの異なった媒質の境界面での音波の反射と透過について考えよう．図 5.6 のように特性音響インピーダンスが z_{c1} および z_{c2} である2つの媒質の境界面に垂直に平面波が入射している．それぞれの媒質での波数を k_1 および k_2 とする．境界面に垂直な方向を x 軸，境界面を $x=0$ として，入射波音圧を Ae^{-jk_1x}，反射波音圧を Be^{jk_1x}，透過波音圧を Ce^{-jk_2x} とする．一方，入射波粒子速度は $\frac{Ae^{-jk_1x}}{z_{c1}}$，反射波粒子速度は $-\frac{Be^{jk_1x}}{z_{c1}}$，透過波粒子速度は $\frac{Ce^{-jk_2x}}{z_{c2}}$ である．ここで，境界面 $x=0$ において音圧および粒子速度はそれぞれ連続でなければならない．これを**境界条件**という．

$$A+B=C \tag{5.52}$$

$$\frac{1}{z_{c1}}(A-B)=\frac{1}{z_{c2}}C \tag{5.53}$$

これらから，**反射係数** r は入射波音圧に対する反射波音圧の比として定義され，

$$r=\frac{B}{A}=\frac{z_{c2}-z_{c1}}{z_{c2}+z_{c1}} \tag{5.54}$$

と2つの媒質の特性音響インピーダンスで計算できる．一方，**透過係数** τ は入射波音圧に対する透過波音圧の比であり，

$$\tau=\frac{C}{A}=\frac{2z_{c2}}{z_{c2}+z_{c1}} \tag{5.55}$$

と示される．極端な場合として，$z_{c2}=0$ のときの反射係数は -1 であり，$z_{c2}=\infty$ のときの反射係数は1であり，ともに完全に反射される．

特性音響インピーダンスが z_c の媒質中で実効値音圧が p であるときの進行波

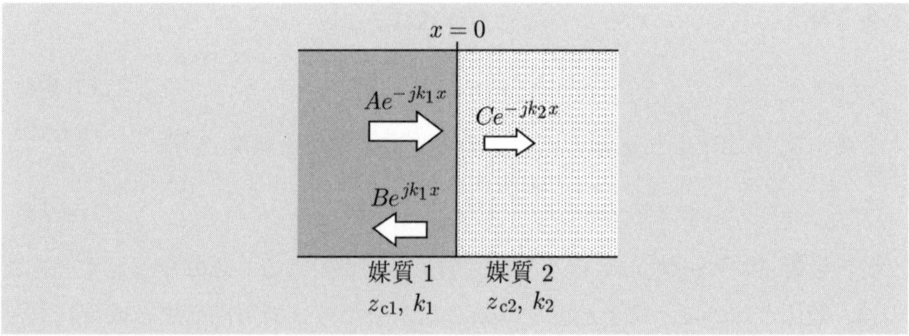

図 5.6　2つの媒質間の境界における反射と透過

の音の強度（単位面積当たりのエネルギー）は $\frac{p^2}{z_c}$ である．これは音圧を電圧に対応させると電気回路の電力（パワー）と同じ形をしていることから理解できよう．入射波音圧，反射波音圧，透過波音圧の振幅 A, B, C が実効値を表しているとして，音の強度の反射係数 R，透過係数 T は

$$R = \frac{\frac{B^2}{z_{c1}}}{\frac{A^2}{z_{c1}}} = \frac{(z_{c2} - z_{c1})^2}{(z_{c2} + z_{c1})^2} \tag{5.56}$$

$$T = \frac{\frac{C^2}{z_{c2}}}{\frac{A^2}{z_{c1}}} = \tau^2 \frac{z_{c1}}{z_{c2}} = \frac{4 z_{c1} z_{c2}}{(z_{c2} + z_{c1})^2} \tag{5.57}$$

と計算される．これらから

$$R + T = 1 \tag{5.58}$$

である．これはエネルギーが保存されることを示している．ここで，式 (5.54) および式 (5.55) の反射係数，透過係数は和が 1 にならないことに注意しなければならない．

$$r + \tau \neq 1 \tag{5.59}$$

式 (5.54) および式 (5.55) の反射係数，透過係数を特に**音圧反射係数**，**音圧透過係数**と呼んで式 (5.56)，式 (5.57) と区別する．騒音分野や建築音響分野など音の強度に着目する場合は強度の反射係数，強度の透過係数を使う場合が多いが，超音波分野など音圧値を議論する場合は音圧反射係数，音圧透過係数を用いることもある．ちなみに，光学分野では強度の反射係数，透過係数が使われる．音響分野ではマイクロホンで音圧そのものが測定できるのに対し，光学で使われる受光器は強度に比例する電流を出力し，光の電界そのものを直接観測できないためであろう．

5.4　1次元音波伝搬の行列表示

前節では，異なった媒質との境界での音の反射や透過は，音圧と粒子速度に関する境界条件を入射波，反射波，透過波に課すことで計算できることを示した．図 5.7 のように，媒質が 3 層になった場合でも，2 つの境界でそれぞれ音圧の連続性と粒子速度の連続性に関わる境界条件を課して解けばよい．しかし，層数が増えると計算は煩雑になる．

そこで，各層の音波の伝搬を行列で定式化する便利な計算法を導入する．図 5.7 の第 2 層（媒質 2）の厚さを d とする．$x = 0$ における音圧 $p(0)$ と粒子速度 $v_x(0)$ と，$x = d$ における音圧 $p(d)$ と粒子速度 $v_x(d)$ との関係を整理しよう．この第 2 層（$0 \leqq x \leqq d$）では，音圧 $p(x)$ と粒子速度 $v_x(x)$ は，C, D を定数として

$$p(x) = Ce^{-jk_2x} + De^{jk_2x} \tag{5.60}$$

$$v_x(x) = \frac{1}{z_{c2}}(Ce^{-jk_2x} - De^{jk_2x}) \tag{5.61}$$

と書ける．第 2 層の媒質の特性音響インピーダンスは z_{c2} であり，波数は k_2 である．これより，第 2 層の両端での音圧と粒子速度は

$$p(0) = C + D \tag{5.62}$$

$$v_x(0) = \frac{1}{z_{c2}}(C - D) \tag{5.63}$$

$$p(d) = Ce^{-jk_2d} + De^{jk_2d} \tag{5.64}$$

$$v_x(d) = \frac{1}{z_{c2}}(Ce^{-jk_2d} - De^{jk_2d}) \tag{5.65}$$

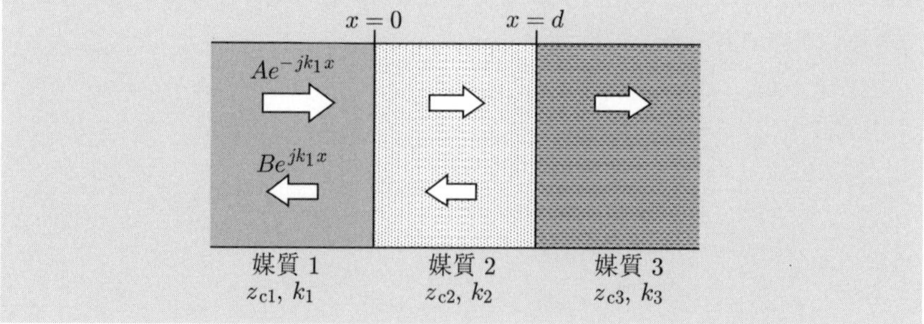

図 5.7　3 つの異なった媒質が重なった構造での音の反射と透過

である．式 (5.62)〜(5.65) から C, D を消去すると，

$$\begin{pmatrix} p(d) \\ v_x(d) \end{pmatrix} = \begin{pmatrix} \cos(k_2 d) & -jz_{\mathrm{c}2}\sin(k_2 d) \\ -\dfrac{j}{z_{\mathrm{c}2}}\sin(k_2 d) & \cos(k_2 d) \end{pmatrix} \begin{pmatrix} p(0) \\ v_x(0) \end{pmatrix} \tag{5.66}$$

と両端の音圧と粒子速度は行列で結び付けられた形式に書き換えられる．この行列

$$\boldsymbol{K}_2 = \begin{pmatrix} \cos(k_2 d) & -jz_{\mathrm{c}2}\sin(k_2 d) \\ -\dfrac{j}{z_{\mathrm{c}2}}\sin(k_2 d) & \cos(k_2 d) \end{pmatrix} \tag{5.67}$$

を **$\boldsymbol{K}$ 行列**あるいは**縦続行列**と呼ぶ．図 5.7 の第 2 層の部分は，音圧に電圧を，粒子速度に電流を割り当てた図 5.8 の 2 端子対回路と見立てることができる．このとき $v_x(d)$ の向きに注意する．

この行列表示を用いると，図 5.9 のような多層構造を都合よく表すことができる．すなわち，図 5.9 における媒質 i の特性音響インピーダンスは z_i であり，波数は k_i であり，厚さは d_i であるとすると，その部分の $\boldsymbol{K}$ 行列は

$$\boldsymbol{K}_i = \begin{pmatrix} \cos(k_i d_i) & -jz_i\sin(k_i d_i) \\ -\dfrac{j}{z_i}\sin(k_i d_i) & \cos(k_i d_i) \end{pmatrix} \tag{5.68}$$

と書ける．媒質 i の左側の音圧と粒子速度を p_i, v_i とし，右側のそれらを p_{i+1}, v_{i+1} とすると，

$$\begin{pmatrix} p_{i+1} \\ v_{i+1} \end{pmatrix} = \boldsymbol{K}_i \begin{pmatrix} p_i \\ v_i \end{pmatrix} \tag{5.69}$$

と関係づけられる．この関係を用いると，例えば図 5.9 の媒質 i〜$i+2$ の 3 つの部分は図 5.10 のようにモデル化でき，

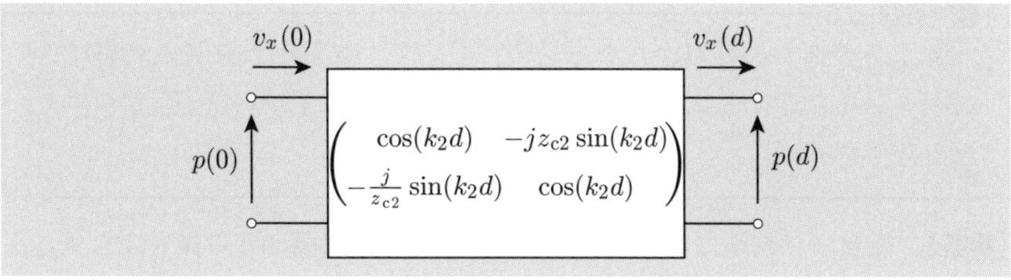

図 5.8　縦続行列（$\boldsymbol{K}$ 行列）

$$\begin{pmatrix} p_{i+3} \\ v_{i+3} \end{pmatrix} = \boldsymbol{K}_{i+2}\boldsymbol{K}_{i+1}\boldsymbol{K}_i \begin{pmatrix} p_i \\ v_i \end{pmatrix} \tag{5.70}$$

のように $\boldsymbol{K}$ 行列を掛け合わせることで多層となった媒質の端部の音圧と粒子速度を関係づけることができる．これが「縦続行列」と呼ばれる理由である．

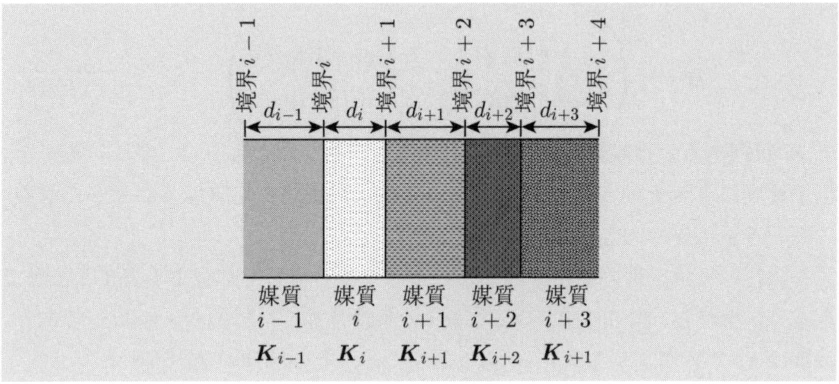

図 5.9　多層構造

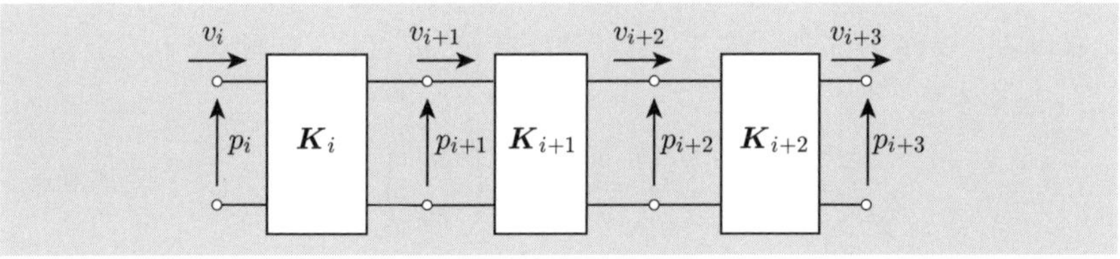

図 5.10　図 5.9 の媒質 i～$i+2$ の行列表示

■ 例題 5.3

図 5.7 の 3 つの媒質からなる場合について，媒質 1 から見た音響インピーダンスを計算せよ．また，そのことから，媒質 1 から見て反射が無くなる条件を導け．

【解答】　媒質 3 は無限に続き，反射波は無いので，媒質 2 から媒質 3 を見込んだ音響インピーダンスは媒質 3 の特性音響インピーダンスに等しくなる．従ってこの問題は図 5.11 のようにモデル化される．よって，

$$p(d) = z_{c3} v_x(d) \tag{5.71}$$

の関係がある．式 (5.66) と式 (5.71) から

$$\begin{pmatrix} p(0) \\ v_x(0) \end{pmatrix} = \begin{pmatrix} \cos(k_2 d) & j z_{c2} \sin(k_2 d) \\ \dfrac{j}{z_{c2}} \sin(k_2 d) & \cos(k_2 d) \end{pmatrix} \begin{pmatrix} z_{c3} v_x(d) \\ v_x(d) \end{pmatrix} \tag{5.72}$$

である．なお，ここで媒質 2 の $\boldsymbol{K}$ 行列の逆行列を使っているが，$\boldsymbol{K}$ 行列の $\sin(k_2 d)$ の項の負号が無くなっただけである．これは，この逆行列が波の伝搬方向が逆になった $\boldsymbol{K}$ 行列であることからも理解できる．これより，媒質 1 から見込んだ音響インピーダンスは

$$z_{\mathrm{in}} = \frac{p(0)}{v_x(0)} = \frac{z_{c2} z_{c3} \cos(k_2 d) + j z_{c2}^2 \sin(k_2 d)}{z_{c2} \cos(k_2 d) + j z_{c3} \sin(k_2 d)} = \frac{Z + j \tan(k_2 d)}{1 + jZ \tan(k_2 d)} z_{c2} \tag{5.73}$$

と計算できる．なお，$Z = \frac{z_{c3}}{z_{c2}}$ である．

反射が無い条件は $z_{\mathrm{in}} = z_{c1}$ である．式 (5.73) からこの条件は

①　$k_2 d = \pi$ のとき，$d = \frac{1}{2}\lambda_2$, $z_{c1} = z_{c3}$

②　$k_2 d = \frac{\pi}{2}$ のとき，$d = \frac{1}{4}\lambda_2$, $z_{c2} = \sqrt{z_{c1} z_{c3}}$

と整理される．①の場合は中間層の両側の特性音響インピーダンスが同じとき，例えば，壁を介して 2 つの部屋がある場合などに相当する．このとき，壁の厚さが半波長に等しいと壁が共振して音が透過することを示している．一方，②は中間層の両側の媒質の特性音響インピーダンスが異なる場合であり，中間層の厚さを 1/4 波長とし，特性音響インピーダンスを両側の媒質の幾何平均（相乗平均）とすると反射が生じず，透過率が 1 になることを示している．これは，第 9 章で述べる超音波の計測応用においてトランスデューサに組み込まれる**反射防止層**（**マッチング層**）に利用される原理である．光学レンズの反射防止コーティングも同じ考え方に基づいている．

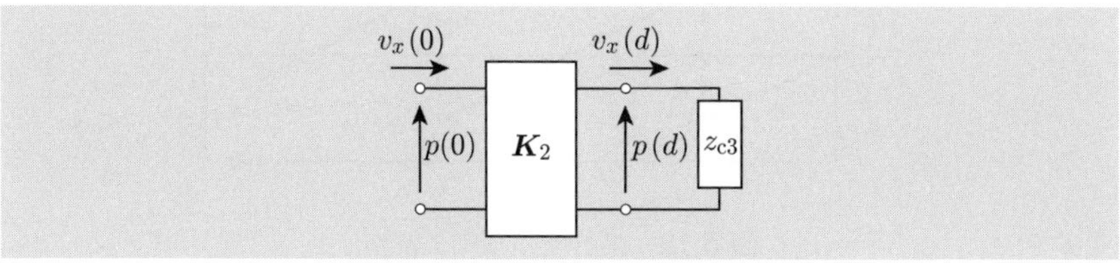

図 5.11　図 5.7 のモデル化

5.5 定在波の性質

媒質2の中の音圧を，媒質3との境界からの距離を x と読み替え，式 (5.60) を反射係数 r によって書き直すと，

$$\begin{aligned} p(x) &= C(e^{-jk_2x} + re^{jk_2x}) \\ &= C\{(1+r)\cos(k_2x) - j(1-r)\sin(k_2x)\} \end{aligned} \tag{5.74}$$

である．さらに，$p(x) = |p(x)|e^{j\varphi}$ として，大きさと位相で

$$|p(x)| = |C|\sqrt{1 + 2r\cos(2k_2x) + r^2} \tag{5.75}$$

$$\tan\varphi = -\frac{1-r}{1+r}\tan(k_2x) \tag{5.76}$$

と書くこともできる．

反射が無い場合（$r = 0$），すなわち進行波の場合は，

$$|p(x)| = |C| \tag{5.77}$$

$$\varphi = -k_2x \tag{5.78}$$

となり，振幅は場所によらず一定，位相は位置に応じて遅れる．この様子を図 5.12 に示す．

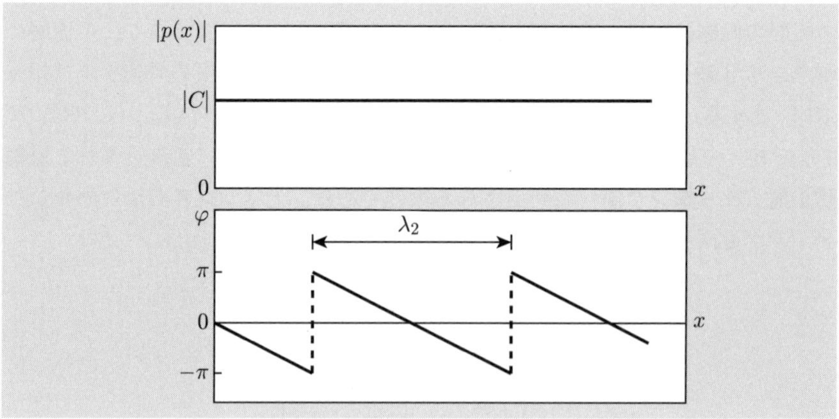

図 5.12 進行波の振幅と位相

次に，全て反射する場合のうち，$r = 1$ のときについて見てみよう．

$$|p(x)| = 2|C||\cos(k_2 x)| \tag{5.79}$$

$$\tan\varphi = 0 \tag{5.80}$$

のように振幅は正弦波状に変化する．すなわち，音圧の大きい**音圧の腹**と音圧 0 の**音圧の節**が 1/4 波長毎に現れ，その位置は動かない．これが**定在波**である．式 (5.74) に戻って考えると，$r = 1$ のとき音圧は

$$p(x) = 2C\cos(k_2 x) \tag{5.81}$$

であり，式 (5.49) から粒子速度は

$$v_x(x) = \frac{2C}{jz_{c2}}\sin(k_2 x) \tag{5.82}$$

である．これより，定在波の場合には音圧と粒子速度の空間分布が 1/4 波長ずれていることがわかる．すなわち，音圧の腹は粒子速度の節であり，音圧の節は粒子速度の腹である．また，音圧と粒子速度の間には 90° の時間的位相差がある．定在波の音圧の位置変化を図 5.13 に示す．振幅の最大値が進行波の場合の 2 倍になっていることに注意する必要がある．また，隣り合う定在波の腹では位相が反転している（180° ずれている）ことがわかる．なお，図 5.13 の位相は $x = 0$ の位相を基準に表示している．

次に，$0 < |r| < 1$ のとき，すなわち進行波と定在波が混在する場合について

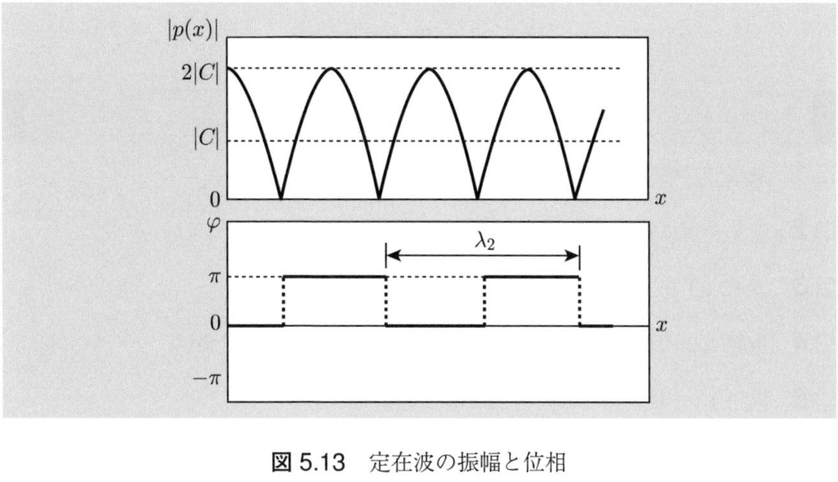

図 5.13 定在波の振幅と位相

考えよう．$r = 0.25$ のときを一例として図 5.14 に示す．完全な定在波 ($r = 1$) の場合に比べて腹と節がはっきりしない．音圧の最大値（腹）p_{max} と最小値（節）p_{min} の比

$$\Gamma = \frac{p_{\mathrm{max}}}{p_{\mathrm{min}}} = \frac{1 + |r|}{1 - |r|} \tag{5.83}$$

により**音圧定在波比** Γ を定義する．ここで式 (5.75) を用いて反射係数との関係も示した．なお，これまで特に明記しなかったが，一般に反射係数は複素数であるが，音圧定在波比は反射係数の大きさ $|r|$ による式になっている．これから，反射係数の大きさは

$$|r| = \frac{\Gamma - 1}{\Gamma + 1} \tag{5.84}$$

と音圧定在波比で表すことができる．このことは，音圧定在波比を測定すれば反射係数の大きさがわかることを意味している．反射が無い場合は $\Gamma = 1$ であり，完全な定在波の場合は $\Gamma = \infty$ である．

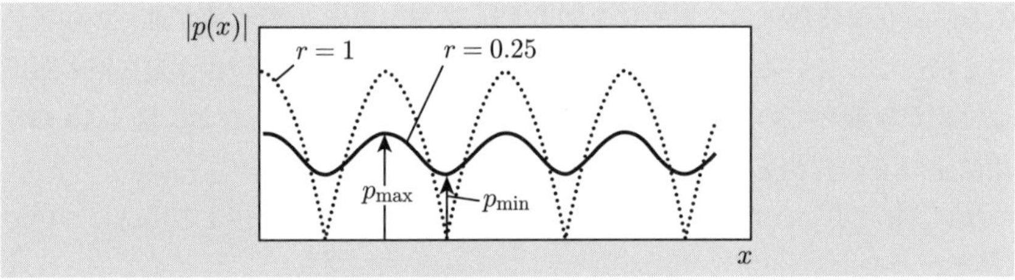

図 5.14　定在波比の定義

5 章 の 問 題

□ **1**　気温 30 ℃ における空気中の音速はいくらか．

□ **2**　空気や水以外の気体，液体の音速を調べてみよ．

□ **3**　式 (5.59) $r + \tau \neq 1$ を確かめよ．

□ **4**　例題 5.2 の時間を追った波形の変化を，三角波について描け．

□ **5**　図 5.13 に粒子速度の大きさの分布を描け．

□ **6**　反射係数 $r = -1$ の場合について，図 5.13 のように音圧の分布を描け．

第6章

音 波 の 伝 搬

第５章で学んだ音波の波動方程式を基に，音源から自由空間へ放射する音の性質について述べ，振動面の大きさと放射される音の指向特性の関係について調べる．また，音波の屈折，回折，散乱の性質についてその概要をみる．

一方，管内の音波伝搬について，伝搬モードの考え方を導入する．

6.1　自由空間の音波放射

第5章では1次元に伝搬する音波について学んだ．ここからは，3次元空間に放射される音波について考えよう．1次元の音場の音圧に関する式 (5.46) から正の方向に伝わる成分のみを取り出すと

$$p = Ae^{-jkx} \tag{6.1}$$

である．これは一方向に伝わる平面波であり，いくら伝搬しても振幅は変化しない．一方，3次元空間に置かれた点状の音源から四方八方に均一に広がる音波であれば，音源からの距離 r が大きくなれば波面の面積は r^2 に比例して大きくなる．従って，単位面積当たりの音波のエネルギー（強度）は $\frac{1}{r^2}$ に比例する．このような大きさの無い仮想的な音源を**点音源**と呼ぶ（図6.1）．音圧は強度の平方根に比例するので，音源からの距離が r の点での音圧は，P を定数として

$$p(r) = \frac{P}{r}\,e^{-jkr} \tag{6.2}$$

と $\frac{1}{r}$ に比例する．式 (5.49) より，r 方向の粒子速度は

$$v_r(r) = -\frac{1}{j\omega\rho}\,\mathrm{grad}\,p = \frac{P}{\rho c r}\left(1 + \frac{1}{jkr}\right)e^{-jkr} \tag{6.3}$$

である．なお，ここで極座標の場合のベクトル微分演算の公式を使っている．この式で，粒子速度の振幅が複素数になっていることに注意する必要がある．特に，波長よりも小さい音源近傍（$kr < 1$）では実部よりも虚部の大きさが大きくなり，音圧と粒子速度の位相差が目立つ．

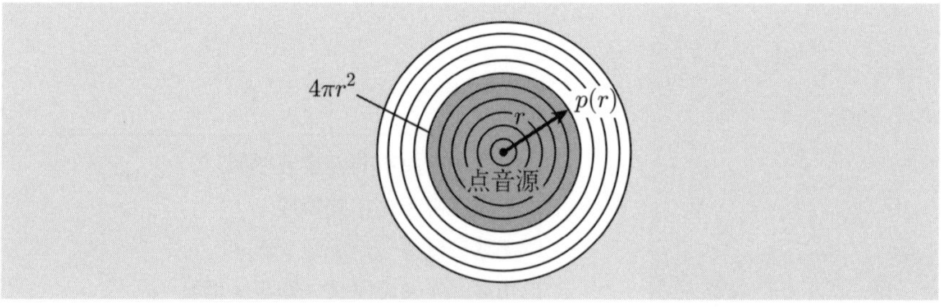

図6.1　点音源による球面波

次に，半径が a の球面が一様に振動速度 v_a で振動する音源を考えよう．このような音源を**球音源**という．また，そのような振動を**呼吸振動**ということがある．速度の連続性から，式 (6.3) は $r = a$ において

$$v_a = \frac{P}{\rho c a}\left(1 + \frac{1}{jka}\right) e^{-jka} \tag{6.4}$$

となる．球が波長に比べて十分小さいとき（$ka \ll 1$），定数 P は

$$\begin{aligned} P &= jk\rho c a^2 v_a = j\rho\omega a^2 v_a \\ &= j\rho\omega \frac{V_0}{4\pi} \end{aligned} \tag{6.5}$$

と**体積速度**

$$V_0 = 4\pi a^2 v_a$$

を用いて書くことができる．体積速度は単位時間に変化する体積に相当する．音源中心から距離が r の点での音圧は，

$$p(r) = \frac{j\rho\omega V_0}{4\pi r} e^{-jkr} \tag{6.6}$$

と体積速度を用いて書き直すことができる．

6.2　音源と指向特性

点音源や球音源はどの方向にも同じ強さの音波を放射する．このような音源を**無指向性音源**という．現実には完全な無指向性音源は少ないが，空中で破裂する打上花火は無指向性音源の一例といってよいであろう．ここで，図 6.2 のように，同じ体積速度 V_0 の点音源が距離 b で 2 つ存在する場合について，波長や b に比べて十分遠方における方向（角度）θ の位置での音圧 $p(r,\theta)$ を考えよう．観測点が遠方なので，それぞれの点音源から観測点まで引いた直線は，2 つの点音源の中間点（これを原点とする）から観測点までの直線と平行と考えてよい．r は原点から観測点までの距離である．この仮定から，上の音源から観測点までの距離，下の音源からの距離はそれぞれ

$$r_1 = r - \frac{b}{2}\sin\theta \tag{6.7}$$

$$r_2 = r + \frac{b}{2}\sin\theta \tag{6.8}$$

と書くことができる．式 (6.2) から，観測点での音圧は

$$\begin{aligned} p(r,\theta) &\approx \frac{P}{r}\,e^{-jk(r-\frac{b}{2}\sin\theta)} + \frac{P}{r}\,e^{-jk(r+\frac{b}{2}\sin\theta)} \\ &= \frac{2P}{r}\,e^{-jkr}\cos\left(\frac{bk}{2}\sin\theta\right) \end{aligned} \tag{6.9}$$

と計算できる．ここで，振幅に関する項は式 (6.7), (6.8) を使わずに，$\frac{1}{r}$ で近似している．一方，位相に関わる項は距離に敏感なので近似は使っていない．音圧の大きさの方位角 θ による依存性を**指向性関数** $D(\theta)$ と定義すると，これは，

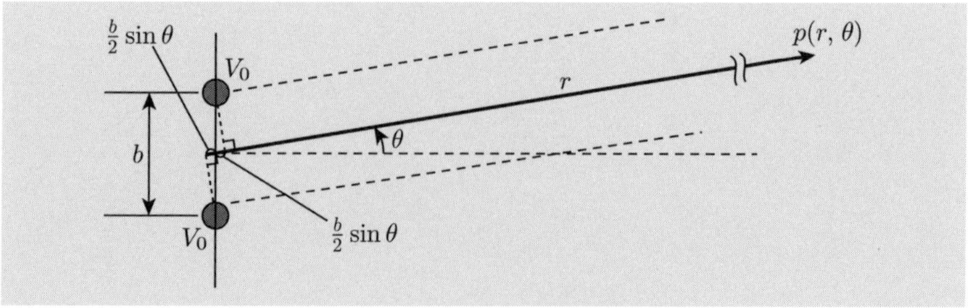

図 6.2　2 つの点音源からなる音源

$$D(\theta) = \left|\cos\left(\frac{bk}{2}\sin\theta\right)\right| = \left|\cos\left(\frac{\pi b}{\lambda}\sin\theta\right)\right| \tag{6.10}$$

で与えられる．図 6.3 に指向性関数のいくつかの例を示す．音源間の距離 b が半波長以上だと音圧が 0 になる方向がある．この方向を**ヌル**（null）と呼ぶことがある．これは 2 つの音源からの音が打ち消し合う方向である．音源の間隔がちょうど半波長であると左右 90° 方向に音が放射されず，8 の字のような指向性関数となる．音源の間隔が広くなるとヌルの数が増える．音の周波数を変えると波長が変わるので，波長に対する音源の間隔が変化することになる．すなわち，音源の間隔が一定でも，周波数を変えると指向性関数の形が変わる．周波数が低い場合は無指向性に近くとも，周波数が高くなるとヌルが生じるようになる．

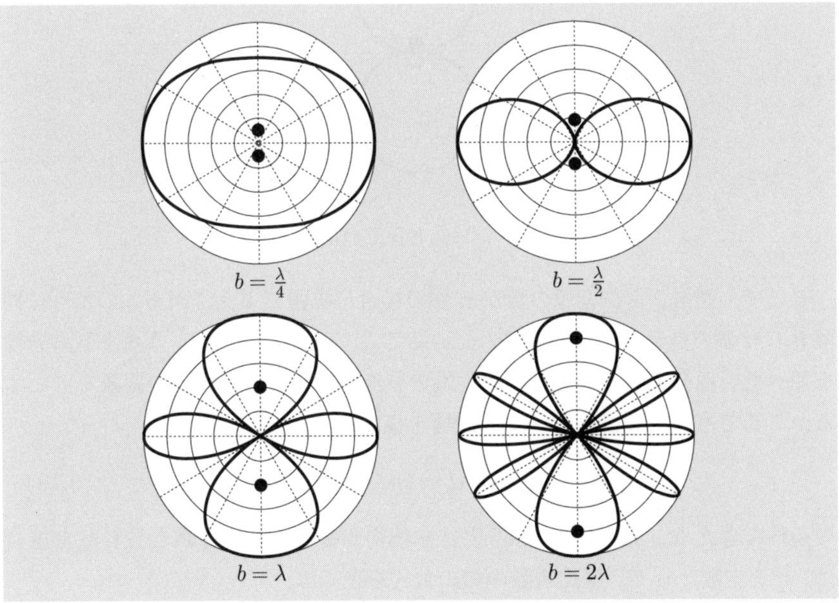

図 6.3　2 つの点音源による指向性関数（●が音源）

次に，2 つの音源が逆位相であるときを考えてみよう．逆位相とは，片方の音源が正の音圧を発生しているときに，もう片方の音源が負の音圧を発生しているということである．式 (6.9) で片方の音源の符号を負とすると，発生音圧は

$$p(r,\theta) = \frac{2jP}{r}\, e^{-jkr} \sin\left(\frac{bk}{2}\sin\theta\right) \tag{6.11}$$

となる．ここで，2つの音源の間隔 b が波長に比べて小さいとき，指向性関数は

$$D(\theta) \approx |\sin\theta| \tag{6.12}$$

と近似される．これを**ダブレット音源**という．図 6.4 のように 8 の字のような指向性関数となり，音源が並んだ方向に音が出ることがわかる．波長に比べて十分小さいスピーカの振動板は，バッフル板を用いないと，前面と背面が正と負の音源となって，ダブレット音源のように振る舞う．

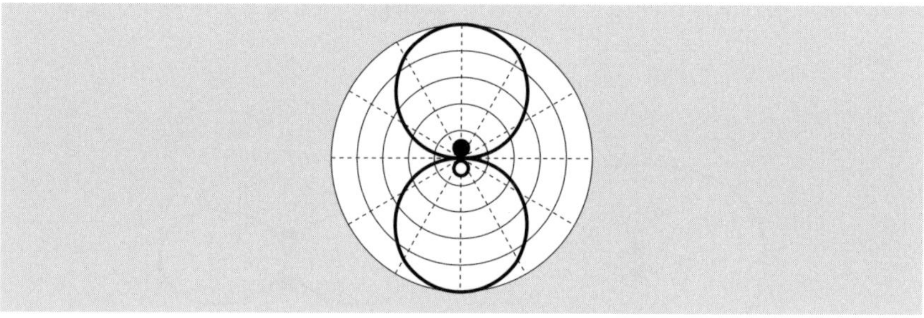

図 6.4 ダブレット音源の指向性関数

ここで，図 6.2 を点音源の数が n 個の場合に拡張しよう．図 6.5 のように間隔 b で n 個の点音源が一列に並んでいることを考える．このような多数の音源を並べた音源を**アレイ音源**という．端の音源から端の音源までの距離を d とする．ここでも，十分遠距離 r での音場を仮定する．すなわち，

$$r \gg d = (n-1)b \tag{6.13}$$

の条件で考える．式 (6.9) に倣うと，n 個の点音源の音場を重ね合わせた場合は，q を定数として，等比級数の和の公式を使えば，

$$p(r,\theta) = \frac{q}{r}\, e^{-jkr}\, \frac{e^{jnkb\sin\theta} - 1}{e^{jkb\sin\theta} - 1} \tag{6.14}$$

と求められる．これより，指向性関数は，

$$D(\theta) = \left| \frac{\sin\left(\frac{n\pi b}{\lambda}\sin\theta\right)}{n\sin\left(\frac{\pi b}{\lambda}\sin\theta\right)} \right| \tag{6.15}$$

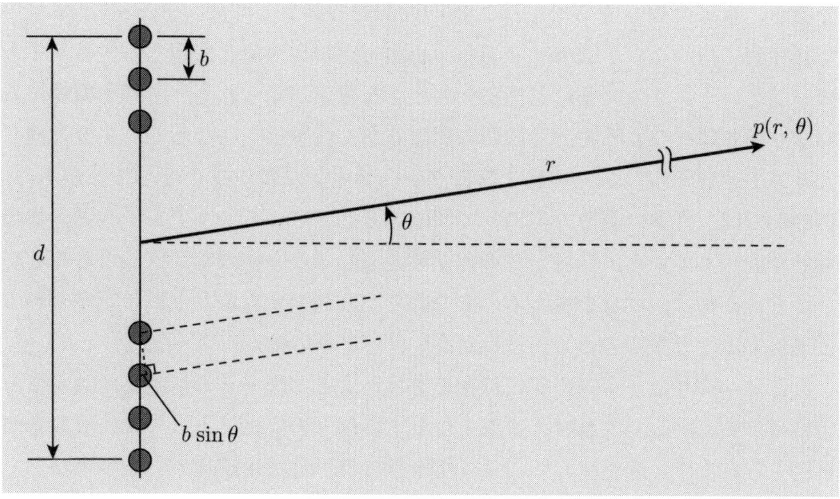

図 6.5 n 個の音源が並んだアレイ音源

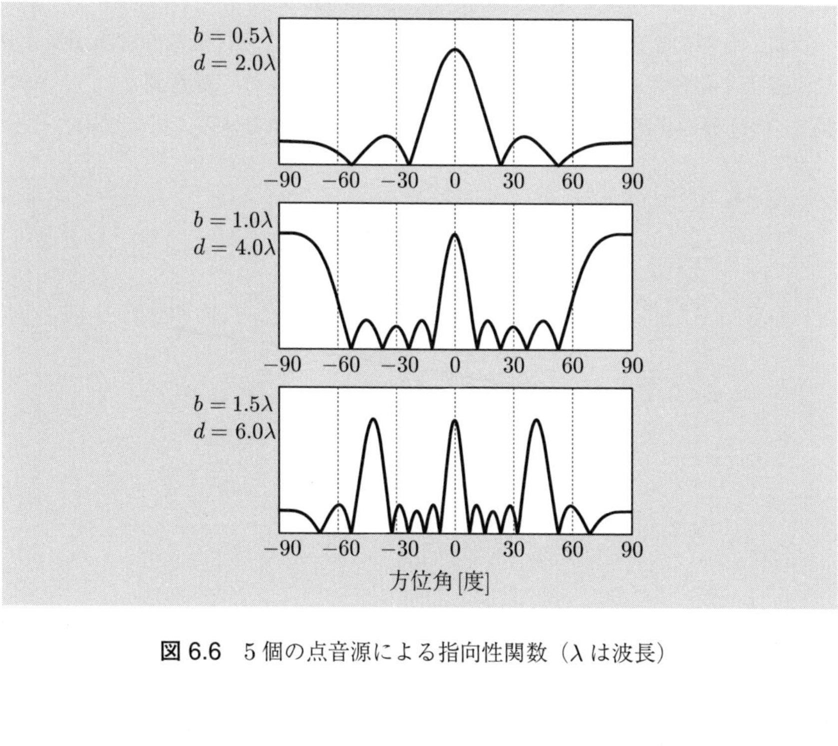

図 6.6 5 個の点音源による指向性関数（λ は波長）

である．音源の数 n を 5 として，指向性関数の例を方位角 $-90\sim90$ 度について具体的に描いたのが図 6.6 である．正面方向の極大値を**主極**あるいは**メインローブ**という．その両側に主極よりも小さな極値がみられる．これを**副極**あるいは**サイドローブ**と呼ぶ．音源間の間隔 b が 1 波長以上になると，主極と同じ大きさの極値が現れる．これを特に**グレーティングローブ**と呼ぶことがある．この例では，音源の数を一定にして間隔を変えているので，アレイ音源全体の幅 d が変化している．音源全体の幅が大きくなると主極の幅が狭くなることがわかる．これは，波長を変える，すなわち周波数を変えると主極の幅が変わると理解することもできる．周波数が高いほど主極の幅が小さくなる．

ここで，隣り合う音源の間に位相差を与えると，図 6.6 の指向性関数が横方向にスライドする．これは，音源を駆動する信号の位相によって音の放射方向を変えられることを意味しており，第 9 章で述べる医用超音波診断装置などで活用されているフェーズドアレイ技術である．より正確には，放射方向を正面からずらすと，主極や副極の幅が少し広がる．また，同位相駆動では無かったグレーティングローブが現れてしまうことがある．

次に，音源の密度を上げた極限として，図 6.7 のように無数の音源が長さ d に直線状に存在する場合を考える．連続的な音源であり，**線音源**という．微小長 dx の部分の音源による寄与を長さ d にわたって積分することにより，十分

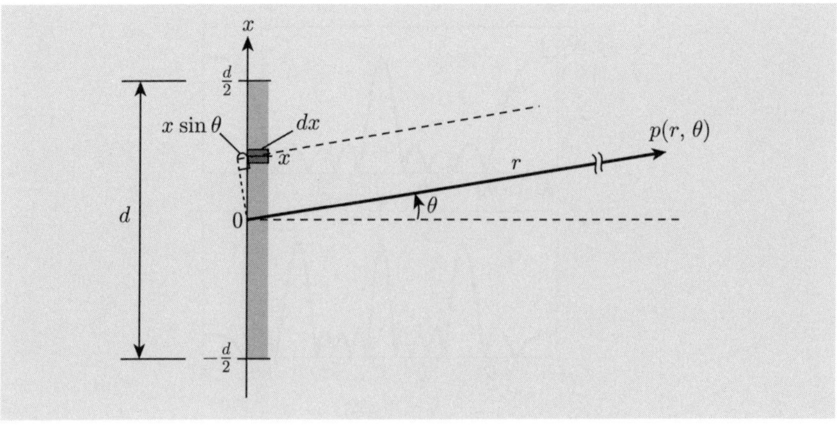

図 6.7 一様に連続して分布した音源

遠方の距離 r，角度 θ の位置での音圧 $p(r,\theta)$ を知ることができる．R を定数として，

$$p(r,\theta)=\frac{R}{r}\,e^{-jkr}\int_{-\frac{d}{2}}^{\frac{d}{2}} e^{jkx\sin\theta}\,dx \tag{6.16}$$

と計算できる．指向性関数は

$$D(\theta)=\left|\frac{\sin\left(\frac{\pi d}{\lambda}\sin\theta\right)}{\frac{\pi d}{\lambda}\sin\theta}\right| \tag{6.17}$$

である．点音源が n 個直線状にある場合と連続的に存在する場合の指向性関数について図 6.8 に示す．音源が存在する長さが同じであれば，指向性関数の形は大きく変化しないことがわかる．主極の幅は主に音源の存在する大きさにより決まるのである．主極の幅を表すのに，音圧の大きさが半分になる幅で示すことがあり，**半値全幅**などといわれる．このように音圧の大きさの半分で考える

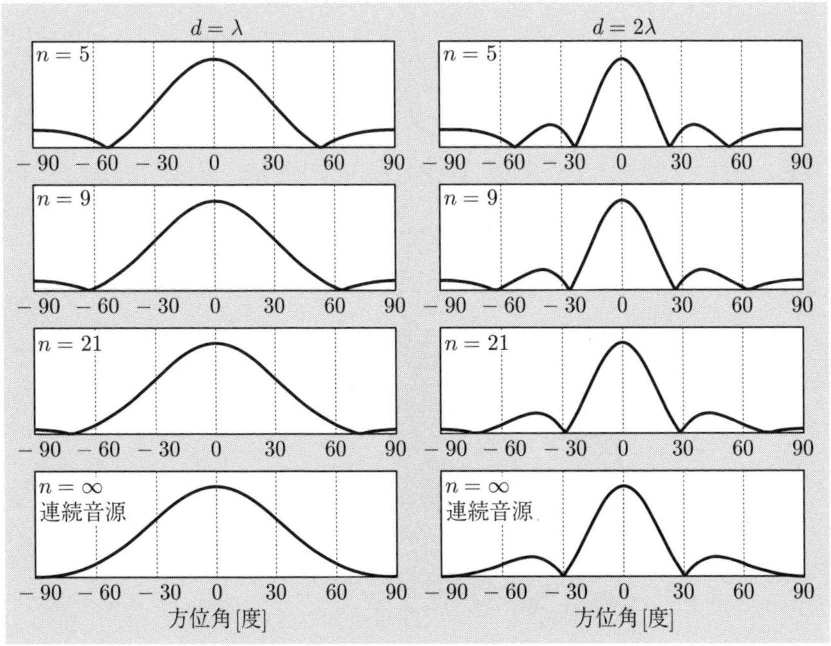

図 6.8　音源の数と指向性関数（λ は波長）

場合は，正面に対して音圧レベルが 6 dB 低下する角度幅を指している．図 6.8 において，$d = \lambda$ の場合は 74 度，$d = 2\lambda$ の場合は 35 度程度であることがわかる．なお，半値全幅を音のエネルギー（強さ）が半分になる角度幅で表すこともあり，この場合は 3 dB 低下する角度幅で示す．可聴周波数では波長に比べて音源の大きさが大きくないことが多いので，指向性を感じないことが多いが，超音波周波数では小さな音源でも指向性が強く現れる．

2 次元的に音源が分布している場合として，図 6.9 のように，x–y 面上の一部が振動しているとする．一般性を高めるため，振動速度は位置により異なる $V(x, y)$ として与えることとする．点 (x, y) の微小面積を dS とし，強さ $V(x, y)\, dS$ で振動している領域で面積分する．この部分以外は振動しない面，すなわち**剛壁**とする．剛壁で囲まれているため，音源の音響パワーは片面のみに放射されると考え，式 (6.6) の $\frac{1}{4\pi}$ を $\frac{1}{2\pi}$ とする．そうすると位置 (r_0, θ, φ) の音圧は面積分によって，

$$p(r_0, \theta, \varphi) = \frac{j\rho\omega}{2\pi} \int_S V(x, y)\, \frac{e^{-jkr}}{r}\, dS \qquad (6.18)$$

と書くことができる．なお，(r_0, θ, φ) は極座標による表示である．この式により，例えば，x 方向，y 方向の寸法が d_x, d_y の方形領域が一様の振動速度でピストン振動する場合，十分遠方において，x 軸方向角度，y 軸方向角度 θ_x, θ_y についての指向性関数は

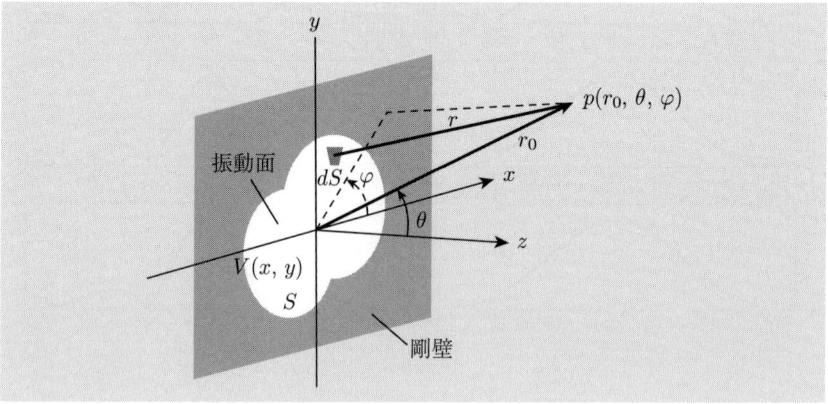

図 6.9　2 次元音源による音場

$$D(\theta_x, \theta_y) = \left| \frac{\sin\left(\frac{\pi d_x}{\lambda}\sin\theta_x\right)}{\frac{\pi d_x}{\lambda}\sin\theta_x} \frac{\sin\left(\frac{\pi d_y}{\lambda}\sin\theta_y\right)}{\frac{\pi d_y}{\lambda}\sin\theta_y} \right| \tag{6.19}$$

と計算される．これは x 軸方向，y 軸方向ともに図 6.8 の最下段と同じ形状をもつことを意味する．振動面が円形の場合の指向性関数は軸対称となり，角度 θ に対し，

$$D(\theta) = \left| \frac{J_1\left(\frac{\pi d}{\lambda}\sin\theta\right)}{\frac{\pi d}{\lambda}\sin\theta} \right| \tag{6.20}$$

となることが知られている．ここに，$J_1(X)$ は**ベッセル関数**と呼ばれる特殊関数の 1 つであり，d は振動面の直径である．$d = 2\lambda$ の場合の指向性関数の形を図 6.10 に示す．比較のために，一辺がこの円形振動面の直径と同じ 2λ の方形振動面の指向性関数を破線で示している．円形の場合の第 1 副極の大きさは主極の約 13 % であり，方形の場合の約 22 % に比べて小さい．しかし，主極の半値全幅は方形のほうが小さい．

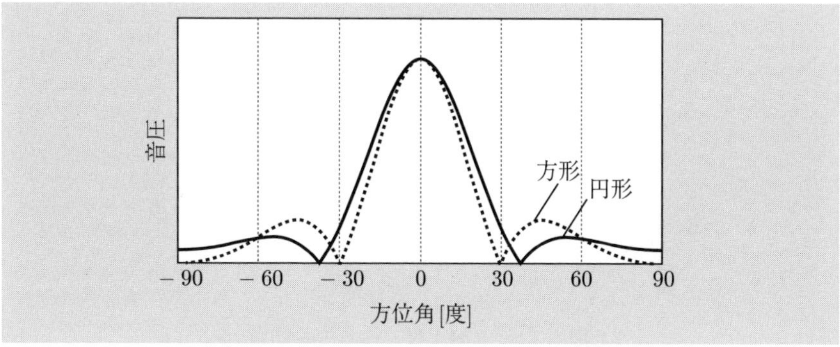

図 6.10　円形音源と方形音源の指向性関数

ベッセル関数

円形振動面の与える指向性関数にはベッセル関数が含まれている．ベッセル関数は，波動方程式を円筒座標や極座標で解いたときに現れる関数である．ここで登場した $J_1(x)$ は第1種ベッセル関数の1次のものであり，0次，2次のものとともに図6.11に形状を示す．波動方程式の x–y–z 座標系での解は三角関数で表されるが，円筒座標系での r 方向の解はベッセル関数になる．第8章で述べる円形膜や円板の振動の表現にはベッセル関数が用いられる．見慣れない関数かもしれないが，三角関数と同じようなものだと考えれば過度に恐れる必要はない．微分方程式

$$\frac{d^2 f}{dx^2} + \frac{1}{x}\frac{df}{dx} + \left(1 - \frac{m^2}{x^2}\right) f = 0 \tag{6.21}$$

の解が第1種ベッセル関数 $J_m(x)$ と第2種ベッセル関数 $Y_m(x)$ であり，cosine や sine に対応すると考えてもよいであろう．第2種ベッセル関数はノイマン関数とも呼ばれ，こちらも波動方程式の解となり得る．

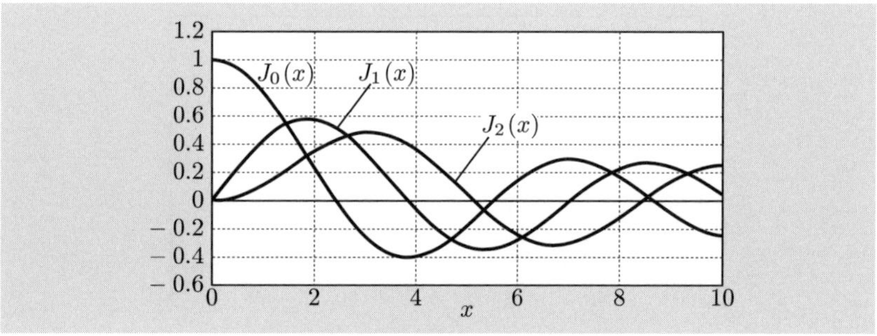

図 6.11 （第1種）ベッセル関数

6.3 音響インテンシティ

本章では，自由空間に音が出されている場合について述べてきた．このとき，音源から音としてエネルギーが放射されているわけだが，そのエネルギーの流れの指標を定義しよう．ある物体に力を加えて力学的仕事をする場合，単位時間の力学的なエネルギー，すなわちパワーは力と速度の積に等しい．音の場合，音圧と粒子速度の積が，ある瞬間の単位面積当たりのパワーと考えられる．これを**瞬時音響インテンシティ**と呼んでいる．これは，ある瞬間の音圧 $p(t)$ と粒子速度ベクトル $\boldsymbol{v}(t)$ の積で定義されるベクトル量である．

$$\boldsymbol{i} = p(t)\boldsymbol{v}(t) \tag{6.22}$$

瞬時音響インテンシティの時間平均

$$\boldsymbol{I} = \frac{1}{T}\int_0^T p(t)\boldsymbol{v}(t)\,dt \tag{6.23}$$

を**音響インテンシティ**という．第5章で導入し，これまで本章でも用いてきた複素表示の音圧 p と粒子速度ベクトル $\boldsymbol{v}$ を使うと，音響インテンシティも複素数となり，式 (6.23) の複素形式は

$$\boldsymbol{I} = p\boldsymbol{v}^* \tag{6.24}$$

と書ける．ここに，$\boldsymbol{v}^*$ は粒子速度ベクトルの複素共役を表す．また，音圧 p と粒子速度ベクトル $\boldsymbol{v}$ は実効値の振幅を表しているが，0-p 値を表している場合は式 (6.24) の右辺に $\frac{1}{2}$ を掛ける必要がある．これは電圧と電流の積で電力を表すときと同じである．また，電力では，複素電力の実部が実際に仕事をする実電力であり，虚部がエネルギーを消費しない皮相電力であった．音響インテンシティの場合も，音波によるエネルギーの流れは式 (6.24) の実部に等しく，式 (6.23) と同じ量になる．また，音響インテンシティはベクトル量であり，音のエネルギー流れの大きさと方向を表している．これは電磁波で定義される**ポインティングベクトル**と同じ概念である．一般に，「インテンシティ」という用語はスカラー量の「強さ」を表すことが多いわけだが，音響の場合はエネルギー流れベクトルがこのように命名されてしまった．

例として，点音源が作る音圧と粒子速度の場合の音響インテンシティを式 (6.2), (6.3) で計算してみよう．粒子速度は r 方向のみであり，音響インテンシティの

r 成分の実部は

$$\begin{aligned}\mathrm{Re}(I_r) &= \mathrm{Re}\left[\frac{P}{r}e^{-jkr}\cdot\frac{P}{\rho cr}\left(1-\frac{1}{jkr}\right)e^{jkr}\right]\\ &= \frac{P^2}{\rho cr^2} \qquad (6.25)\end{aligned}$$

と計算される．音源からの距離の 2 乗に反比例していることが確かめられる．波面の面積は距離の 2 乗に比例するので単位面積当たりのエネルギーである音響インテンシティが距離の 2 乗に反比例するのは当然である．一方，虚部は

$$\begin{aligned}\mathrm{Im}(I_r) &= \mathrm{Im}\left[\frac{P}{r}e^{-jkr}\cdot\frac{P}{\rho cr}\left(1-\frac{1}{jkr}\right)e^{jkr}\right]\\ &= \frac{P^2}{\rho\omega r^3} \qquad (6.26)\end{aligned}$$

のように距離の 3 乗に反比例し，音源から遠ざかると急激に小さくなる．逆に，音源近くでは実部よりも支配的になる．点音源や小さな音源の近傍ではエネルギーは流れずにため込まれていると解釈することができる．これは，音響インピーダンスという見方をすると，遠方では音響インピーダンスが実数になるが，近傍では虚数成分が大きくなるといえる．

6.4　音波の屈折・回折・散乱

音響インピーダンスの異なる2つの媒質の境界に垂直に平面波音波が入射するときの反射と透過について第5章で学んだ．ここでは境界面に垂直な方向からある角度 θ_i で入射するときを考えよう．より音速が速い媒質に入射する場合を図6.12に示す．入射波の一部は同じ角度 θ_r で反射する．一方，透過波は境界面に垂直な方向から角度 θ_t の方向に進む．

入射角 θ_i と**屈折角** θ_t との関係を図6.13によって考えよう．入射側の媒質1の音速を $c_\mathrm{i} = f\lambda_\mathrm{i}$，透過側の媒質2の音速を $c_\mathrm{t} = f\lambda_\mathrm{t}$ とする．f は周波数であり，λ_i と λ_t をそれぞれ，媒質1の中，媒質2の中での波長とする．図6.13

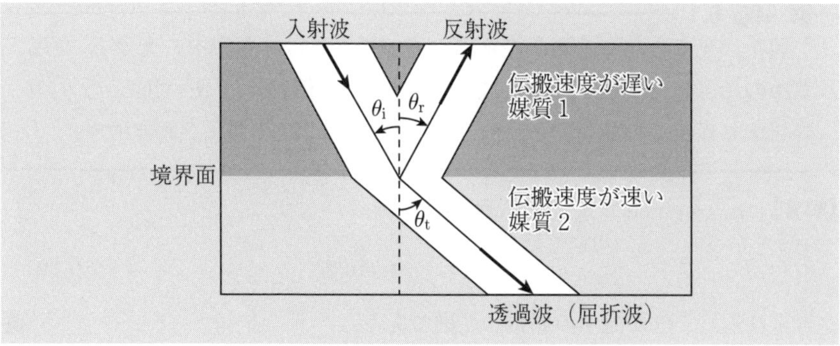

図6.12　音の反射と屈折

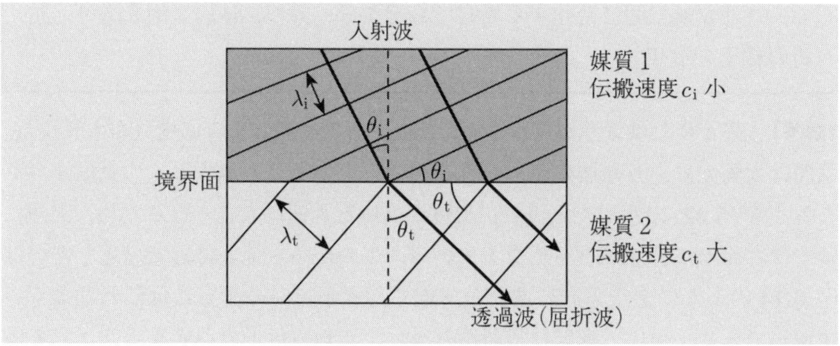

図6.13　入射角と屈折角

では波面を細い実線で示している．境界面で波面は連続でなければならないので，この図より

$$\frac{\sin\theta_{\mathrm{t}}}{\sin\theta_{\mathrm{i}}} = \frac{\lambda_{\mathrm{t}}}{\lambda_{\mathrm{i}}} = \frac{c_{\mathrm{t}}}{c_{\mathrm{i}}} \tag{6.27}$$

の関係が導ける．これが**屈折の法則**である．

入射角がある角度 θ_{c} を超えると透過波が生じなくなり，全て反射する．この角度を**臨界角**といい，全て反射する状況を**全反射**と呼ぶ．臨界角は

$$\theta_{\mathrm{c}} = \sin^{-1}\frac{c_{\mathrm{i}}}{c_{\mathrm{t}}} \tag{6.28}$$

で与えられる．

■ 例題 6.1

屈折は光でも起こる現象である．光の場合には，真空中の光速 c_0 を媒質中の光速 c_1 で除した値として定義される**屈折率**がよく使われる．2つの媒質1と媒質2の屈折率 $n_{\mathrm{i}}, n_{\mathrm{t}}$ を用いて式 (6.27) の関係を書き直せ．

【解答】 $n_{\mathrm{i}} : n_{\mathrm{t}} = c_{\mathrm{t}} : c_{\mathrm{i}}$ であるから，

$$n_{\mathrm{i}}\sin\theta_{\mathrm{i}} = n_{\mathrm{t}}\sin\theta_{\mathrm{t}} \tag{6.29}$$

が得られる．これが光学の屈折の法則である． ■

■ 例題 6.2

屈折は，図 6.12 のように音速がステップ的に変化する境界だけではなく，音速が連続的に変化する場合でも起こる．その具体的な例を挙げ，屈折の様子を示せ．

【解答】 昼と夜では気温が異なるが，地表からの高度による温度分布も異なる．昼間は太陽光により地面が温められるので，上空よりも地表近くの気温が高くなる．式 (5.22) で示したように，温度が高いと音速は大きくなるため，上空にゆくほど徐々に音速が小さくなっている．このため，地表付近で発生した音は図 6.14 のように上空方向に曲がってゆく．水平方向の遠方には伝わりにくい領域ができる．逆に，夜間は放射冷却等により地表付近の温度が上空よりも低くなることがある．このようなときは，上空にゆくほど音速が大きくなるため，

音の屈折方向が逆になる．この場合は昼間より遠くに音が伝わることになる．夜間は，騒音が少なくなるせいもあるが，思わぬ遠くの音が聞こえることがあるのはこのためである．

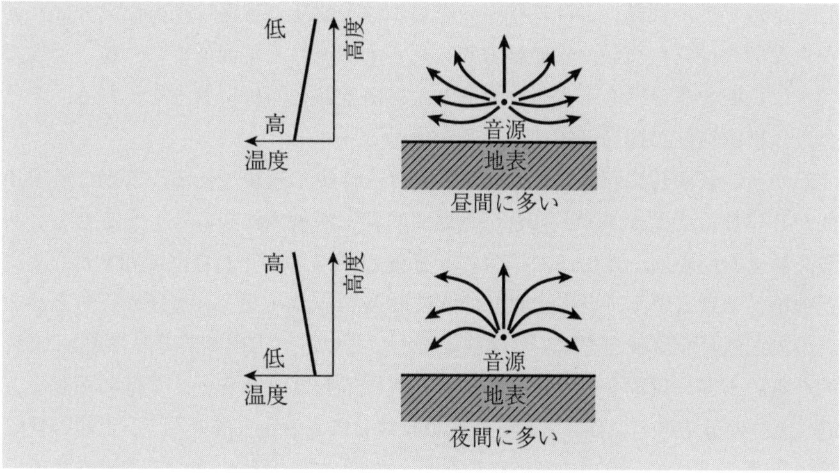

図 6.14　昼間と夜間の音の伝わり方

6.5 管内の音波伝搬

剛壁，すなわち振動しない壁で囲まれた管内の音波の振る舞いを考える．トンネルや送風ダクト，エンジンの排気管などが具体的な例である．管壁は静止しているため，管壁における管内の媒質の粒子速度の管壁に垂直な成分は 0 とならなければならない．管の軸方向に真っすぐ伝わる平面波では，粒子速度の管壁に垂直な成分はもともと 0 であり，自由空間と同様に管内を伝わる．すなわち，自由空間と同じ伝搬速度で音が伝わる．

しかし，音が管に斜めに入射する場合はもう少し複雑である．管壁で粒子速度が 0 になる必要があり，これは管壁での音圧が最大になるということでもある．簡単のために，図 6.15 のように，間隔 D の 2 つの平行な壁で囲まれた 2 次元の場合を考えよう．自由空間での波長を λ_0（$= \frac{c_0}{f}$）とし，音圧が正負それぞれの最大値となる波面を図中では破線で示している．自由空間での音速 c_0 で管内を斜め方向に反射を繰り返してジグザグに進むと考えると，管壁に垂直な方向（図中の y 方向）には，反射波の重ね合わせによる定在波となり，上記の管壁での条件を満たす．自由空間での波数を k_0 として，音圧に関する波動方程式は

$$\frac{d^2p}{dx^2} + \frac{d^2p}{dy^2} + k_0^2 p = 0 \tag{6.30}$$

である．前述の条件での，この波動方程式の解は x 方向には波数 k_x の進行波，y 方向には波数 k_y の定在波であり，管壁での境界条件を満たすものとして，

$$p(x, y) = Pe^{-jk_x x}\cos(k_y y) \tag{6.31}$$

と書ける．P は定数である．ここに，

$$k_x = \frac{2\pi f}{c_x}, \quad k_y = \frac{n\pi}{D} \tag{6.32}$$

であり，波動方程式 (6.30) に式 (6.31) を代入すれば

$$k_x^2 + k_y^2 = k_0^2 \tag{6.33}$$

の関係が得られる．この関係は図 6.15 から幾何学的にも導くことができる．直角三角形の相似から，

$$\lambda_x : \sqrt{\lambda_x^2 + \lambda_y^2} = \lambda_0 : \lambda_y \tag{6.34}$$

であり，これを変形して，

$$\frac{1}{\lambda_0^2} = \frac{1}{\lambda_x^2} + \frac{1}{\lambda_y^2} \tag{6.35}$$

が導かれる．図 6.15 は剛壁の間隔 D が y 方向の波長の半分の場合を描いてあるが，一般には，n を負でない整数として，

$$\lambda_y = \frac{2D}{n} \tag{6.36}$$

である．これと式 (6.35) から，x 方向の波長は

$$\lambda_x = \frac{1}{\sqrt{\left(\frac{f}{c_0}\right)^2 - \left(\frac{n}{2D}\right)^2}} = \frac{\lambda_0}{\sqrt{1 - \left(\frac{n\lambda_0}{2D}\right)^2}} \tag{6.37}$$

と与えられる．これを**管内波長**と呼ぶ．管内波長は自由空間の波長よりも長くなっており，その度合いは周波数の関数になっている．このことは，音波の位相が進む速さ（**位相速度**という）が周波数によって異なることを意味しており，このような性質を**周波数分散**という．式 (6.37) より，管内波長が実数である条件，すなわち x 方向の波数が実数である条件は，

$$f > f_{cn} = \frac{nc_0}{2D} \tag{6.38}$$

である．ここに，f_{cn} を n 次モードの**遮断周波数**あるいは**カットオフ周波数**と呼ぶ．遮断周波数以下の周波数では x 軸方向の波数が虚数となり，波動として伝搬しない．n 次モードでは，図 6.16 のように音圧分布の y 軸方向に n 個の節が存在することになる．初めに述べたのは 0 次モード（基本モード）に相当し，遮断周波数が無いことがわかる．1 次モードの遮断周波数以下では 0 次モードしか存在しないことになる．壁と壁の間隔 D でみると，周波数が同じでも D が

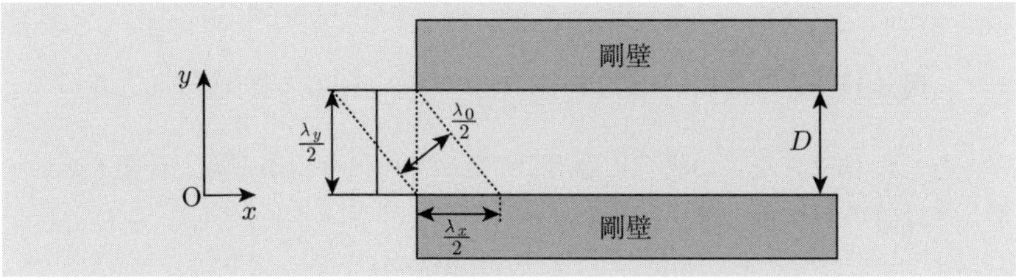

図 6.15　平行な 2 つの剛壁で囲まれた領域の音波伝搬

小さければ0次モードのみが伝搬する．この状態を**シングルモード**という．多数のモードが存在する場合は，モードによって位相速度が異なるため，伝わってゆく過程で音圧波形が変形してゆく．実際の管の断面は矩形や円形であり，ここで展開した理論を3次元に拡張する必要がある．

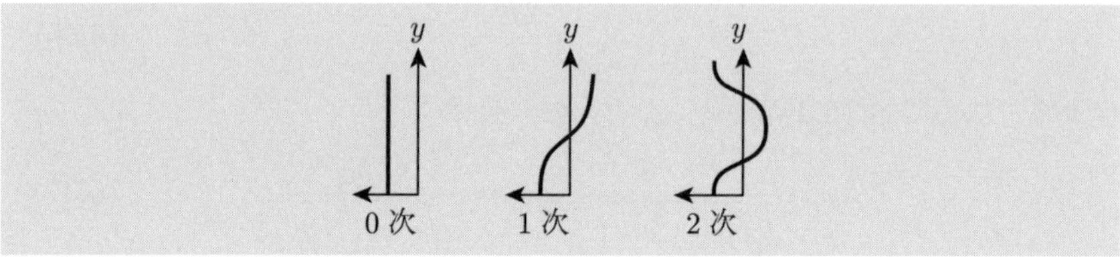

図 6.16 剛壁間の音圧の y 方向分布

図6.17のように管の端部に特性音響インピーダンスが z_{L} の物体が詰められているときは，第5章で学んだのと同様，反射が起き，管内に定在波が生じる．この物体以外は空気とし（特性音響インピーダンス $z_{\mathrm{a}} = \rho_0 c_0$），0次モードのみを考えよう．$\rho_0$ と c_0 は空気の密度と音速である．管内の音圧定在波の定在波比や式(5.76)の位相から端部の物体の特性音響インピーダンスを知ることができる．この方法が音響材料の特性音響インピーダンスの測定に応用される．

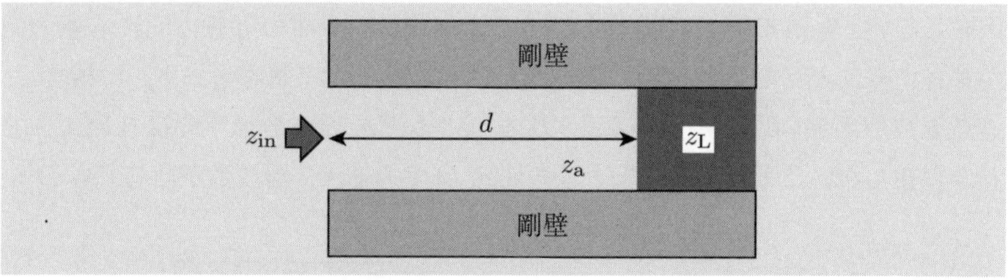

図 6.17 管の端部に特性音響インピーダンスが異なる物体があるとき

一方，式(5.73)をこの場合に適用すると，左の入り口から見た音響インピーダンスは管の断面積を S，長さを d として，

$$z_{\mathrm{in}} = S\,\frac{Z + j\tan(k_0 d)}{1 + jZ\tan(k_0 d)}\,z_{\mathrm{a}} \tag{6.39}$$

と計算できる．なお，$Z = \frac{z_{\mathrm{L}}}{z_{\mathrm{a}}}$ である．

極端な例として入力端の反対側を図 6.18 のように開放した場合を考えよう．ここでいう開放とは，完全自由端，すなわち真空状態を仮定している．実際には管の外も空気であり，一定の放射インピーダンスが存在するが，波長に比べて小さな開口であれば放射インピーダンスの大きさは自由空間よりも小さいことが知られている．この場合は，式 (6.39) に $z_{\mathrm{L}} = 0$ を代入して，

$$z_{\mathrm{in}} = jS\rho_0 c_0 \tan(k_0 d) \tag{6.40}$$

となる．音響インピーダンスは虚数であり，図 6.19 のように，周期的に正負を繰り返す．また，半波長毎に 0 となるのは，両端開放の管の共振に対応する．出口が開放されているにも関わらず入口から見た音響インピーダンスが無限大になることがあることも注目すべきである．

ここで，管の長さ d が波長に比べて十分小さいときは，式 (6.40) は

$$z_{\mathrm{in}} = j\omega\rho_0 S d \tag{6.41}$$

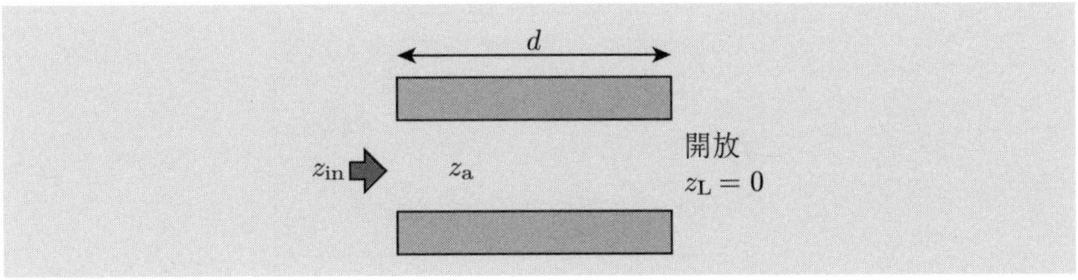

図 6.18　反対側が開放された短い管

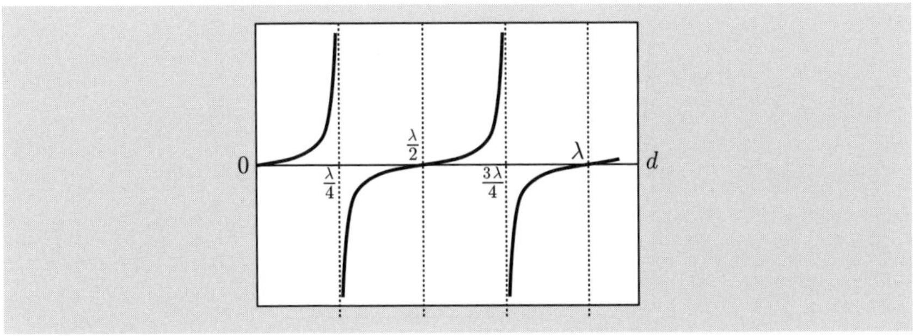

図 6.19　反対側が開放された管の長さと入口から見た音響インピーダンス

と近似される．これは，長さ d の部分の空気の質量に関する運動の法則になっており，端部が開放された短い管は質量要素として振る舞うと理解できる．

今の例とは反対に，図 6.20 のように出口を硬い壁で閉じた場合を考えよう．この場合，入口から見た音響インピーダンスは，式 (6.39) において $z_{\mathrm{L}} = \infty$ より，

$$z_{\mathrm{in}} = \frac{S\rho_0 c_0}{j\tan(k_0 d)} \tag{6.42}$$

と求められる．これは図 6.21 のように長さ d に応じて周期的に変化する．管の長さが波長に比べて十分小さければ，式 (5.26) の体積弾性率 K を使って，

$$z_{\mathrm{in}} = \frac{1}{j\omega \frac{d}{SK}} \tag{6.43}$$

となる．これはばね要素である．

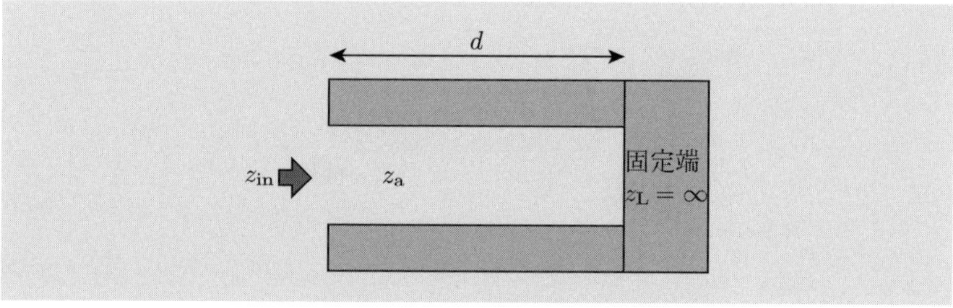

図 6.20　反対側が閉じた管

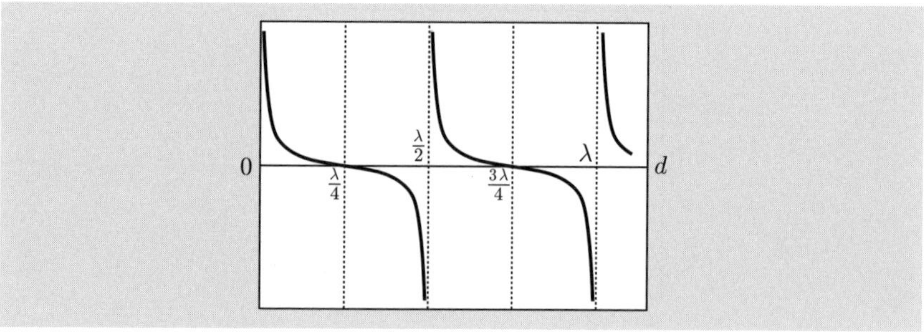

図 6.21　片端の閉じた管の長さと入口から見た音響インピーダンス

ホーン

ラッパのような外見のスピーカを駅のホーム，学校の校庭，防災無線の鉄塔などあちこちでみかける．これは**ホーンスピーカ**である．図 6.22 のように，ダイナミックスピーカと同様の構造の**ドライバユニット**の出口に断面積が変化する筒を付けてある．断面積が一様な管内の音波伝搬について説明したが，ホーンは管の断面積を少しずつ変化させたものである．ホーンの入口と出口では音響インピーダンスが異なり，このインピーダンス変換作用によりドライバユニットの放射インピーダンスと空間の音響インピーダンスの整合が行われ，高効率なスピーカとなる．また，放射面が大きくなるので指向性も有するようになる．ホーン構造では直管と違い，基本モードの平面波であっても，ある周波数以下では音波が伝わりにくくなる．すなわちカットオフ特性をもつ．実際には完全な平面波にならないために厳密なカットオフとはならないが，これらを考慮した設計が必要である．小型化のために，図 6.22 の下図のように折り返した構造がよく用いられている．トランペットスピーカという名称で売られていることが多い．超音波応用では固体振動のホーンが使われる（第 10 章）．

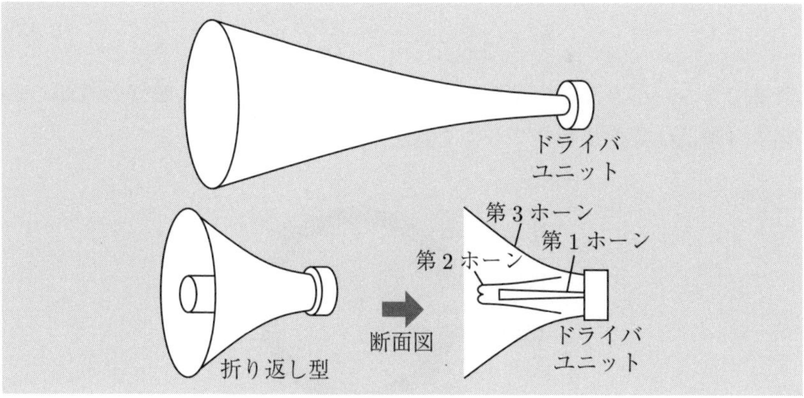

図 6.22 ホーンスピーカ

6.6 ヘルムホルツ共鳴器

体積 V の容器に，波長に比べて短い長さ L の首がついた図 6.23 のような構造は，ある周波数で共振する．これは**ヘルムホルツ共鳴器**と呼ばれる．容器部分がばね，首の部分の空気が質量として働き，それらで共振周波数が決まる．断面積 S の首の部分の空気の変位を Δx として，体積変化を $\Delta V = S\,\Delta x$ と考えると，式 (5.5) は

$$p = -\gamma P_0 \frac{S\Delta x}{V} = -c_0^2 \rho_0 \frac{S}{V}\,\Delta x \tag{6.44}$$

となる．これは単位面積についてのばねの式であり，面積 S のばね係数は

$$\frac{1}{c_{\mathrm{m}}} = \frac{\rho_0 c_0^2 S^2}{V} \tag{6.45}$$

と表せる．一方，首の部分の質量は

$$m = \rho_0 SL \tag{6.46}$$

である．これは短い開放管の式 (6.41) にも対応する．これらより，ヘルムホルツ共鳴器の共振周波数は

$$f_0 = \frac{1}{2\pi\sqrt{c_{\mathrm{m}} m}} = \frac{c_0}{2\pi}\sqrt{\frac{S}{LV}} \tag{6.47}$$

と計算できる．小さな開口がある空洞など，ヘルムホルツ共鳴器の原理で共振が起きる構造は身のまわりでもよく見かける．

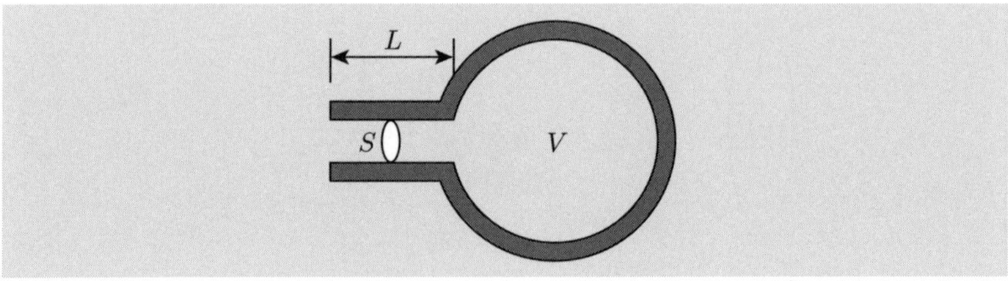

図 6.23　ヘルムホルツ共鳴器

6 章 の 問 題

□ **1**　呼吸球表面での音響インピーダンスを計算せよ．

□ **2**　直径 300 mm のスピーカについて，コーン紙が平面で一様に振動しているとして，1 kHz の音を出した場合の指向性関数の半値全幅（-6 dB の幅）はいくらか．

□ **3**　定在波が発生しているときの音響インテンシティを，音圧と粒子速度の式 (5.81) および (5.82) から計算せよ．

□ **4**　図 6.13 において，媒質 2 の伝搬速度が媒質 1 よりも遅い場合の透過波の進み方を示せ．

□ **5**　深海の場合，光が届かないために深度に応じて水温は下がり，音速が小さくなってゆく．さらに深度が大きくなると水圧の影響で逆に音速が大きくなる．このため，水深 1000 m 程度のところに音速が最小となる領域があることがある．例題 6.2 の大気中の例を参考に深海での音の伝わり方を考察せよ．

□ **6**　水中でアクリル製の音響レンズを使うことを考えよう．アクリルの音速を 2700 m/s として，水中で音を集めるにはどのような形状のレンズを用いればよいか考えよ．

□ **7**　ヘルムホルツ共鳴器の原理で共振が起きると思われる身のまわりの例を挙げよ．

第7章

固 体 の 振 動

音の発生源は固体の振動であることが多い．また，機械で発生する騒音は，固体の振動として伝わった後で板などが振動して空中に放射されることもある．これは**固体伝搬音**と呼ばれる．一方，超音波による機械部品の非破壊検査，超音波のパワー応用で使う振動子や振動体を考えるには固体の振動に関する知識が欠かせない．

固体では縦波に加えて横波も存在する．また，縦波と横波が結合した振動となることも多い．気体中や液体中の音波は縦波のみであり，音圧というスカラー量を考えればよかったが，固体中では，面に垂直な力に加えて，面に平行なせん断力も働くため，数学的な取扱いは一気に複雑化する．本章では，固体の力学の基礎を学んだ後で，いくつかの典型的な振動について述べる．

7.1 弾性体の力学の基礎

金属や結晶，ガラス，プラスチック材料などの固体の振動を考えるにあたって，固体の弾性的な性質を整理しよう．図 7.1 は，よく滑る硬い床の上に置いた角柱の上面を，面に垂直方向に押した場合の変形の様子を示している．角柱の高さ方向を x 軸，横方向を y 軸，奥行き方向を z 軸とする．面積 S の上面を x 軸方向下向きの力 F_x で押したときの x 軸方向の縮み量（変位）を u_x とする．角柱の高さを L_x とすると，ばねと同様に，押す力と縮み量は比例し，

$$\frac{F_x}{S} = E\,\frac{u_x}{L_x} \tag{7.1}$$

と書くことができる．ただし，ばねの式とは異なり，ここでは左辺を単位面積当たりの力とし，単位長さ当たりの縮み量との比例定数を E としている．ここで，単位面積当たりの力

$$T_{xx} = \frac{F_x}{S} \tag{7.2}$$

を**応力**と呼ぶ．単位は圧力と同じ Pa（$= \mathrm{N/m^2}$）を用いる．x 軸に垂直な面に働く x 軸方向の応力という意味で添え字 xx を付けている．一方，単位長さ当たりの変位

$$\varepsilon_x = \frac{u_x}{L_x} \tag{7.3}$$

は**歪《ひず》み**と呼ばれ，無次元量である．比例定数 E は**ヤング率**と呼ばれ，単位は圧力と同じ Pa が用いられる．ヤング率は弾性の性質を表す**弾性定数**のひとつで，密度と同様，材料固有の定数である．なお，ばねの式 $F_x = ku_x$ におけるばね定数 k は，同じ材料で作られたばねでも，自然長や線の太さによって異なるの

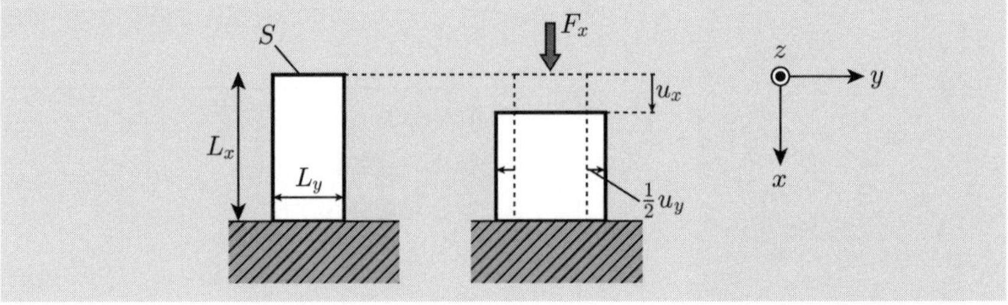

図 7.1 固体に力を加えた場合の変形

で，材料定数ではない．

図 7.1 のように固体を縮めると，加えた力の方向と直交する y 方向と z 方向に伸びる．最初に述べたように，床面はよく滑るため，床面に平行な方向の運動は自由である．y 方向には両側に $\frac{u_y}{2}$ ずつ伸びるとして，歪み

$$\varepsilon_y = \frac{u_y}{L_y} \tag{7.4}$$

が定義される．角柱の y 方向の幅が L_y である．z 方向も同様に，

$$\varepsilon_z = \frac{u_z}{L_z} \tag{7.5}$$

である．ここで，**ポアソン比** σ を定義すると，

$$\varepsilon_y = -\sigma\varepsilon_x \tag{7.6}$$

$$\varepsilon_z = -\sigma\varepsilon_x \tag{7.7}$$

の関係がある．このように固体では，力を与えた方向に加えて，それと直交する方向にも変形することが特徴である．これらの式の負号は，与えた力の方向には縮むのに対して，それと直交方向には伸びることを表している．ポアソン比は材料固有の定数で，$0 < \sigma < \frac{1}{2}$ の範囲の値をもつ．ポアソン比も弾性定数のひとつであり，金属材料では 0.3 前後，ゴム材料では 0.5 に近い値をもつ．

次に，図 7.2 のように，小さな角柱を考え，その上面に平行な方向に力を加えたときの変形を考えよう．図 7.1 と異なり，角柱の底面は床面に固定されているとする．x 方向に垂直である上面に y 方向に力 F_y を加えた際に，高さに比例して y 方向に変位するとし，上面は y 方向に u_y だけ変位しているとする．

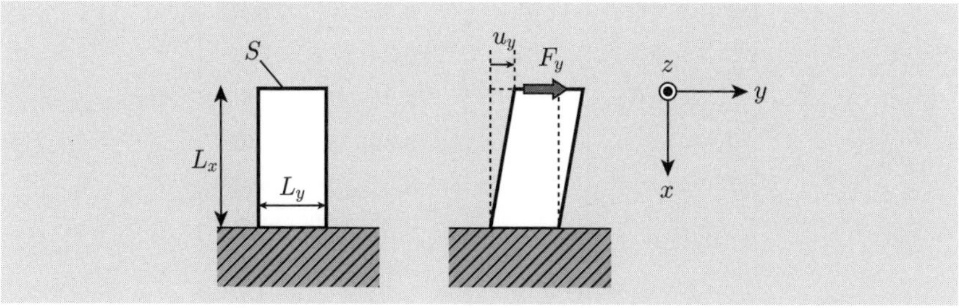

図 7.2 せん断変形

このときの歪みを**せん断歪み**といい，

$$\gamma_y = \frac{u_y}{L_x} \tag{7.8}$$

と定義される．この変形を起こした応力が**せん断応力**であり，

$$T_{xy} = \frac{F_y}{S} \tag{7.9}$$

である．この添え字 xy は，x 軸に垂直な面に y 方向に加えた応力という意味である．せん断歪みとせん断応力は比例定数である**剛性率** G により，

$$T_{xy} = G\gamma_y \tag{7.10}$$

の関係がある．剛性率も弾性定数のひとつであり，単位はヤング率と同様に Pa が用いられる．剛性率はヤング率とポアソン比により，

$$G = \frac{E}{2(1+\sigma)} \tag{7.11}$$

と書けることが知られている．ポアソン比の値の取り得る範囲より，剛性率はヤング率の $\frac{1}{3}$～$\frac{1}{2}$ であることがわかる．

表 7.1 にいくつかの固体材料の弾性定数と密度の代表値を示す．合金やプラスチック材料は製法により値が変化するので，正確な値はその都度実測する必要がある．また，結晶材料では方向によって弾性定数が少し異なる．このよう

表 7.1 各種材料の弾性定数・密度の代表値

	ヤング率 [GPa]	ポアソン比	密度 [kg/m^3]
鋼	210	0.29	7800
アルミニウム	70	0.35	2700
ジュラルミン	72	0.34	2790
しんちゅう	100	0.35	8730
銅	130	0.34	8960
チタン	116	0.32	4540
ガラス	71	0.22	2800
石英	73	0.17	2220
ポリエチレン	0.8	0.46	940
ポリスチレン	3	0.34	1040

に方向によって特性が異なることを**異方性**という．金属の線材や板材，プラスチック材料などでは成形の方向によって異方性が生じることがある．ガラス繊維やカーボン繊維を混ぜたプラスチック材料であるFRPやCFRPはその繊維の方向による大きな異方性を示す．逆にどの方向にも同じ性質をもつことを**等方性**という．本書では等方性材料のみを扱うことにする．

応力の添え字について

応力 T_{xy} は x 軸に垂直な面にかかる y 方向の応力であると説明した．しかし，この添え字の付け方のルールは教科書によって異なる．本書とは逆に，T_{xy} は y 軸に垂直な面にかかる x 方向の応力と定義している場合もある．面の指定が先か，方向の指定が先かが異なるわけである．しかし，$T_{xy} = T_{yx}$ の関係があり，本書の範囲ではどちらの定義でもあまり問題が生じない．

7.2　細棒の縦振動

固体の振動の例として，まず，細い棒の長さ方向に伝わる縦振動を見てみよう．「細い」という意味は，対象とする棒の直径が，棒を伝わる縦波の波長よりも十分小さいということである．周波数が低い場合といいかえることもできる．図 7.3 のように断面積 S の棒の長さ Δx の微小部分の運動を考える．第 5 章の音波の場合と同じく，x 方向の変位 $u_x(x)$ に関して，

$$u_x(x+\Delta x) \approx u_x(x) + \frac{\partial u_x(x)}{\partial x}\,\Delta x \tag{7.12}$$

である．式 (7.1) の関係から，

$$\frac{F_x(x)}{S} = E\,\frac{u_x(x) - u_x(x+\Delta x)}{\Delta x} \approx -E\,\frac{\partial u_x x}{\partial x} \tag{7.13}$$

である．なお，Δx は微小であり，x 軸方向の力は $F_x(x)$ で代表している．一方，この微小部分の運動方程式は，密度を ρ として，

$$\rho S\,\Delta x\,\frac{\partial^2 u_x(x)}{\partial t^2} = -F_x(x+\Delta x) + F_x(x) \tag{7.14}$$

と書くことができる．これは，Δx を微小として，

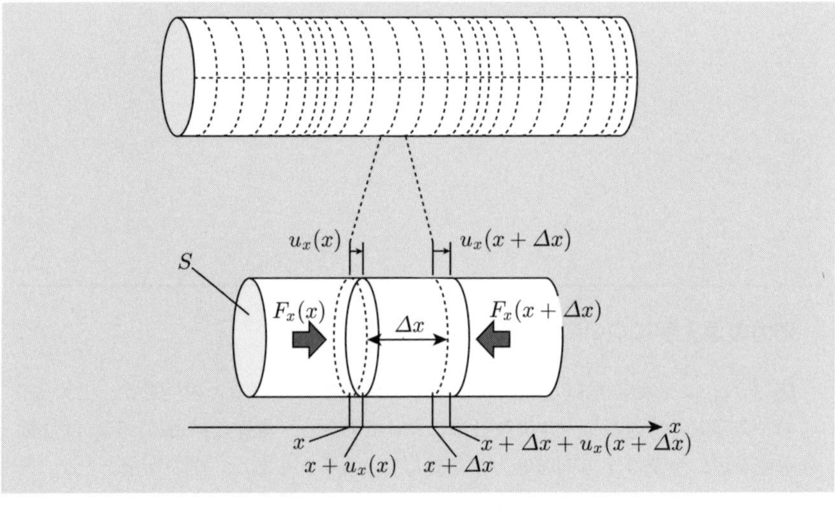

図 7.3　細い棒を伝わる縦波

$$\rho S \frac{\partial^2 u_x(x)}{\partial t^2} = -\frac{\partial F_x(x)}{\partial x} \tag{7.15}$$

となる．ここで，角周波数 ω の調和振動を考えると，振動速度 $v_x(x) = j\omega u_x(x)$ を用いて，式 (7.13) と (7.15) は

$$j\omega F_x(x) = -ES \frac{dv_x(x)}{dx} \tag{7.16}$$

$$j\omega \rho S v_x(x) = -\frac{dF_x(x)}{dx} \tag{7.17}$$

と書き直せる．ここで，場所に関する微分のみになったので，偏微分ではなく常微分で表している．なお，式 (7.15) までの F_x, u_x や v_x に対して，式 (7.16) 以降のそれらは交流回路と同様のフェーザ表示であるので，本来は同じ文字をあてるべきではない．ただし本書では便宜上，同じ文字を用いていることに注意して欲しい．

式 (7.16) と (7.17) から，

$$\frac{d^2 v_x(x)}{dx^2} + k_{\mathrm{L}}^2 v_x(x) = 0 \tag{7.18}$$

なる波動方程式が導ける．ここに，k_{L} は波数であり，

$$\omega = k_{\mathrm{L}} \sqrt{\frac{E}{\rho}} \tag{7.19}$$

の関係がある．従って，細棒を伝わる縦波の音速 c_{L} は

$$c_{\mathrm{L}} = \sqrt{\frac{E}{\rho}} \tag{7.20}$$

のように，ヤング率と密度で与えられる．鋼やアルミニウムでは 5100 m/s 程度，銅では 3800 m/s 程度である．縦波である空気中の音速 340 m/s や水中の音速 1500 m/s と比べて，金属細棒の縦波の音速は大きいことがわかる．

波動方程式 (7.18) は，第 5 章で学んだ音波と同様に，

$$v_x(x) = Ae^{-jk_{\mathrm{L}}x} + Be^{jk_{\mathrm{L}}x} \tag{7.21}$$

と表すことができる解をもつ．

次に，同じ縦波でも，無限に広がる媒質中を一方向に伝わる平面波（1 次元縦波）を考えるために，面に垂直に働く力による変形の力学について，もう少し拡張しよう．図 7.1 で，y 方向と z 方向にも力が加わっているとして，それ

らの方向の応力 T_{yy}, T_{zz} と歪み ε_y, ε_z に関して,

$$\begin{pmatrix} T_{xx} \\ T_{yy} \\ T_{zz} \end{pmatrix} = \begin{pmatrix} \lambda+2\mu & \lambda & \lambda \\ \lambda & \lambda+2\mu & \lambda \\ \lambda & \lambda & \lambda+2\mu \end{pmatrix} \begin{pmatrix} \varepsilon_x \\ \varepsilon_y \\ \varepsilon_z \end{pmatrix} \tag{7.22}$$

と書くことができる．なお，ここでも等方性を仮定している．この λ, μ を**ラメ定数**といい，ヤング率，ポアソン比，剛性率との間に，

$$\lambda = \frac{\sigma E}{(1-2\sigma)(1+\sigma)} \tag{7.23}$$

$$\mu = G \tag{7.24}$$

の関係がある．（この λ は波長ではないことに注意してほしい．）1 次元縦波では，歪みは x 方向のみに存在し，$\varepsilon_y = \varepsilon_z = 0$ である．式 (7.22) より

$$T_{xx} = (\lambda+2\mu)\varepsilon_x \tag{7.25}$$

が得られる．よって，1 次元縦波の場合，式 (7.16) および (7.17) は

$$j\omega T_{xx} = -(\lambda+2\mu)\frac{dv_x}{dx} \tag{7.26}$$

$$j\omega\rho v_x = -\frac{dT_{xx}}{dx} \tag{7.27}$$

と書ける．ここから導かれる波動方程式は,

$$\frac{d^2 v_x}{dx^2} + k_0^2 v_x = 0 \tag{7.28}$$

である．ここで，k_0 は波数である．1 次元縦波の音速 c_0 は,

$$c_0 = \frac{\omega}{k_0} = \sqrt{\frac{\lambda+2\mu}{\rho}} \tag{7.29}$$

と計算される．これと細棒の縦波の音速 c_{L} との関係は次式のとおりである．

$$c_0 = \sqrt{\frac{1-\sigma}{(1-2\sigma)(1+\sigma)}}\, c_{\mathrm{L}} \tag{7.30}$$

この式から，無限媒質中の 1 次元縦波の音速は細棒中の縦波の音速よりも少し大きくなることがわかる．例えば，アルミニウムの場合，ポアソン比は $\frac{1}{3}$ 程度であり，細棒の縦波の音速よりも 20 % ほど大きくなる．これは無視できないほどの差であり，音速を議論する場合には，どちらの音速を指しているのかを

明確にする必要がある．

ここで，この音速の差がなぜ生じるのかを考えよう．細棒の場合，棒の側面は自由であり，軸方向の変位により密になった場所では，図 7.4 のようにポアソン比によって横方向に拡がる．逆に，疎になった場所では横方向に縮む．これは，振動が伝搬する方向と直交方向にも変位をもっているということであり，純粋な縦波とはいえない．これが，わざわざ「細棒の」といって区別する理由である．このように周囲に境界がある媒質では，厳密な意味での縦波は存在しない．細棒では，このように横に「逃げる」分，軸方向に対して無限媒体よりも柔らかくなるので，音速が小さくなるのである．

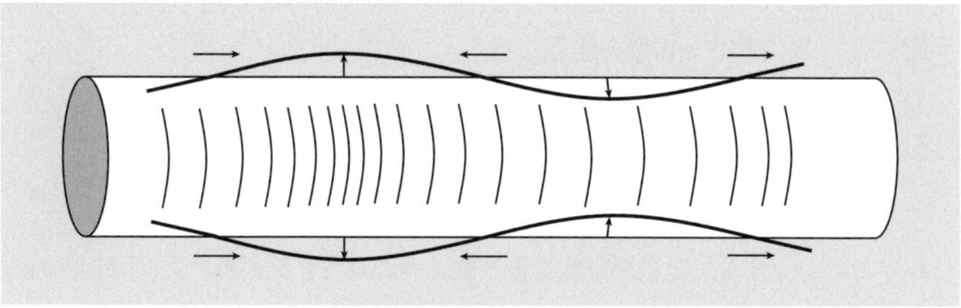

図 7.4 細棒の縦波の変位

7.3 ねじり振動

次に，図 7.5 のように，棒の断面が回転する**ねじり振動**について学ぼう．ここでは断面の形状はそのままに，角度 $\Theta(x)$ だけ回転する振動について考えることにする．ねじり振動では，振動速度の代わりに**振動角速度** $\Omega(x)$ に着目するほうが数式を整理しやすい．

$$\Omega(x) = j\omega\Theta(x) \tag{7.31}$$

振動角速度の単位は rad/s である．また，同じ理由で，力の代わりに**トルク** $T(x)$ を変数とする．トルクは力が働く点までの半径と半径に直交した力成分の積で与えられ，単位は N m である．縦振動の場合の弾性の式 (7.16) と運動方程式 (7.17) は，ねじり振動の場合には，

$$j\omega T(x) = -GI_{\mathrm{P}}\frac{d\Omega(x)}{dx} \tag{7.32}$$

$$j\omega J\Omega(x) = -\frac{dT(x)}{dx} \tag{7.33}$$

と書くことができる．変数や定数を置き換えただけで，数式の形式は同じであることに気づくだろう．I_{P} と J は後述するように回転運動に係わる定数である．

式 (7.32) はねじり変形の弾性の式の両辺を時間微分したものである．ここで，丸棒のねじり変形についてもう少し詳しく見てみよう．図 7.6 のように，厚さ

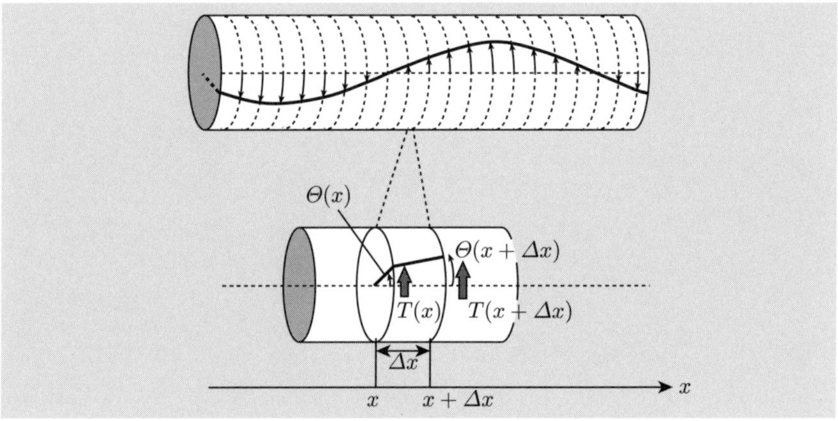

図 7.5 ねじり振動

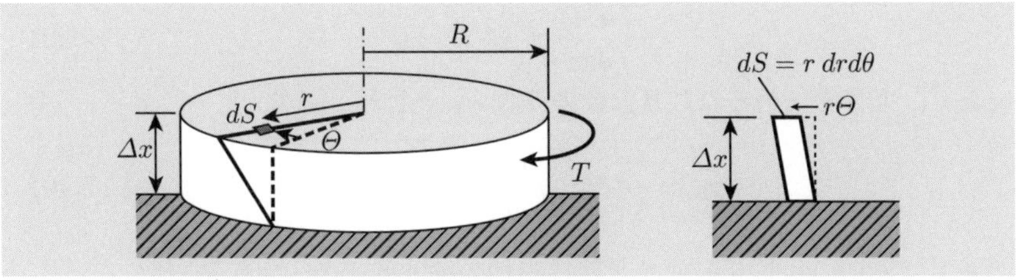

図 7.6　ねじり変形

Δx で半径が R の円板の底面を固定して上面にトルク T を加えたとき，上面は底面に対して角度 Θ だけ回転したとする．中心から距離 r の点に存在する微小面積 dS を断面とする小さな角柱の部分には $r\Theta$ のせん断変位が生じている．この微小部分に働く力 df は

$$df = G\,\frac{r\Theta}{\Delta x}\,dS = G\,\frac{r^2\Theta}{\Delta x}\,d\theta\,dr \tag{7.34}$$

と計算される．これに半径を掛けて円柱の全面積について積分することでトルクは，

$$T = \int_0^{2\pi}\!\!\int_0^R r\,df = I_{\mathrm{P}}G\,\frac{\Theta}{\Delta x} \tag{7.35}$$

と計算される．ここに，I_{P} は**断面 2 次極モーメント**と呼ばれる断面形状により決まる定数であり，半径 R の丸棒の場合，

$$I_{\mathrm{P}} = \frac{\pi}{2}\,R^4 \tag{7.36}$$

で与えられる．断面 2 次極モーメントは任意断面形状について，

$$I_{\mathrm{P}} = \iint_S r^2\,dS \tag{7.37}$$

と定義される．

一方，式 (7.33) の回転の運動方程式において，J は単位長さ当たりの**慣性モーメント**であり，丸棒の場合は，

$$J = \frac{1}{2}(\rho\pi R^2)R^2 = \rho I_{\mathrm{P}} \tag{7.38}$$

である．式 (7.32), (7.33) および式 (7.38) より，丸棒のねじり振動に関する波動方程式は

$$\frac{d^2\Omega}{dx^2} + k_{\mathrm{T}}^2\Omega = 0 \tag{7.39}$$

であり，丸棒を伝わるねじり振動の波数 k_{T} と音速 c_{T} は

$$c_{\mathrm{T}} = \frac{\omega}{k_{\mathrm{T}}} = \sqrt{\frac{G}{\rho}} = \sqrt{\frac{E}{2(1+\sigma)\rho}} \tag{7.40}$$

である．丸棒のねじり振動の音速は細棒の縦波音速の $\frac{1}{\sqrt{2(1+\sigma)}}$ 倍になっていることがわかる．ポアソン比が 0.3 の場合，ねじり振動の音速は細棒の縦波音速の約 6 割である．ねじり振動は変位方向が伝搬方向と直交しており，横波であるといえる．一般の横波の伝搬速度も式 (7.40) で与えられる．ねじり振動も縦振動同様に，正の方向に伝わる波と負の方向に伝わる波の和として，

$$\Omega(x) = Ae^{-jk_{\mathrm{T}}x} + Be^{jk_{\mathrm{T}}x} \tag{7.41}$$

の形式で書くことができる．

例題 7.1

断面形状が円形以外の場合のねじり振動の伝搬速度を考えよ．

【解答】 式 (7.32) および (7.33) より，ねじり振動の波動方程式の一般形は

$$\frac{d^2\Omega}{dx^2} + \omega^2\,\frac{J}{GI_{\mathrm{P}}}\,\Omega = 0 \tag{7.42}$$

となるので，伝搬速度は

$$c_{\mathrm{T}} = \sqrt{\frac{GI_{\mathrm{P}}}{J}} \tag{7.43}$$

で与えられる．ここで通常は $\frac{J}{I_{\mathrm{P}}} = \rho$ であるから，式 (7.40) になる． ■

7.4 たわみ振動

棒や板が，図 7.7 のようにたわみ，横方向（図中の上下方向）に変位する振動を**たわみ振動**と呼ぶ．**曲げ振動**ということもある．これまでみてきたように，振動を解析するには，その振動を支配する慣性の法則と復元力となる弾性の性質について考える．たわみ振動による微小部分の運動は，図のように，横方向（図中で上下方向）の変位 u_y と回転運動が組み合わされたものである．運動方程式は，これら横方向の直線変位と回転運動の両方について考える必要があるが，波長に比べて細い棒，薄い板では回転運動の慣性に関する寄与は小さいので無視することにする．横方向の振動速度 v_y に関する運動方程式は

$$j\omega\rho A v_y = \frac{dV}{dx} \tag{7.44}$$

となる．ここで V はせん断力であり，慣性力である左辺と微小部分に働くせん断力の変化を等しいとしているわけである．A は断面積である．

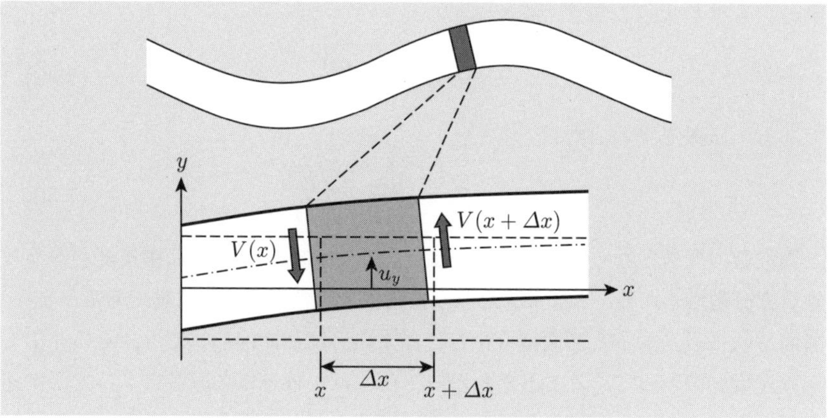

図 7.7　棒や板のたわみ振動

一方，たわみ振動は曲げ振動とも呼ばれるように，細い棒，薄い板では，曲げ変形に対する弾性力が振動を支配すると考えられる．微小部分に働く**曲げモーメント**を M として，

$$\frac{d^2 v_y}{dx^2} = -j\omega \frac{M}{EI} \tag{7.45}$$

が与えられる．ここで，I は**断面 2 次モーメント**と呼ばれる断面形状による定数である．断面 2 次モーメントについては後述する．せん断力と曲げモーメントの間には，

$$V = \frac{dM}{dx} \tag{7.46}$$

の関係がある．式 (7.44)〜(7.46) により，

$$\frac{d^4 v_y}{dx^4} - \omega^2 \frac{\rho A}{EI} v_y = 0 \tag{7.47}$$

が得られる．これがたわみ振動の挙動を支配する方程式であるが，縦波やねじり振動の波動方程式とは形式が異なっている．すなわち，縦波やねじり振動の波動方程式は場所に関する 2 階の微分方程式であったが，式 (7.47) は場所に関する 4 階の微分方程式である．これの解は，

$$v_y(x) = Ae^{-jk_\mathrm{B}x} + Be^{jk_\mathrm{B}x} + Ce^{-k_\mathrm{B}x} + De^{k_\mathrm{B}x} \tag{7.48}$$

と書け，波動として伝わる第 1 項，第 2 項に加えて，距離によって減衰する振動の項も加わる．ここで，波数は

$$k_\mathrm{B} = \sqrt{\omega} \cdot \sqrt[4]{\frac{\rho A}{EI}} \tag{7.49}$$

である．伝搬速度 c_B は，

$$c_\mathrm{B} = \frac{\omega}{k_\mathrm{B}} = \sqrt{\omega} \cdot \sqrt[4]{\frac{EI}{\rho A}} \tag{7.50}$$

と周波数の関数となっている．このように，周波数によって伝搬速度が異なる性質を**分散性**という．つまり，たわみ振動は分散性を有する波動である．また，断面 2 次モーメントと断面積も含むことから，同じ断面形状でも，その寸法も伝搬速度に関わってくることがわかる．例えば，棒や板の厚さによって伝搬速度が異なる．これも単純な（最低次の）縦波やねじり振動ではなかったことである．

ここで，式 (7.45) の導出について，図 7.8 により説明する．棒の長さ方向が x 軸であり，それと垂直な方向を y 軸としている．紙面奥行き方向は z 軸である．微小な長さ Δx の部分で厚さ方向に y で奥行き方向に z の位置にある微小な棒（図中で色を付けた部分）の伸びを Δu_x とすると，この棒の断面積は $dy\,dz$ であり，ヤング率 E を用いて，

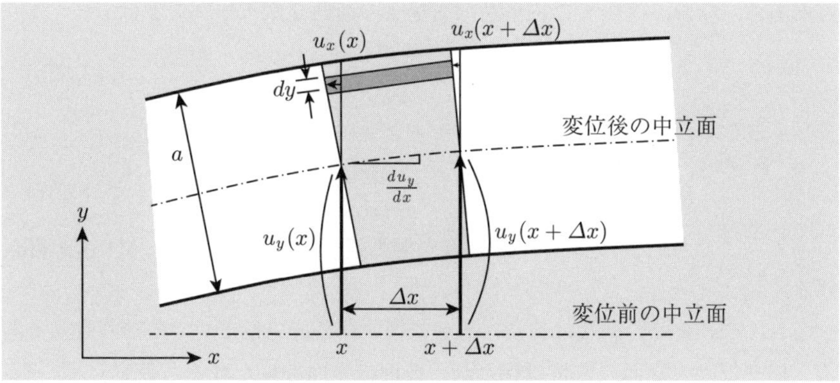

図 7.8　たわみ振動のモーメント

$$df = E\,\frac{\Delta u_x}{\Delta x}\,dy\,dz \to E\,\frac{du_x}{dx}\,dy\,dz \tag{7.51}$$

の力が加わっている．断面は平面のまま保たれ，中立面と垂直のままであり，x 軸方向の変位 u_x は y 軸方向に線形に変化していると仮定すると，

$$u_x = -y\,\frac{du_y}{dx} \tag{7.52}$$

と書くことができる．式 (7.51) を y 方向の変位 u_y で書くと，

$$df = -E\,\frac{d^2u_y}{dx^2}\,y\,dy\,dz \tag{7.53}$$

また，力によるモーメントは $y\,df$ であることから，曲げモーメント M は，これを断面において積分して，

$$M = \iint_S y\,df = E\,\frac{d^2u_y}{dx^2}\iint_S y^2\,dy\,dz \tag{7.54}$$

と計算される．ここで，断面 2 次モーメント I は，

$$I = \iint_S y^2\,dS \tag{7.55}$$

と定義される．y 方向の厚さ a，z 方向の幅 b の方形断面の棒の場合は

$$I = \frac{a^3b}{12} \tag{7.56a}$$

で与えられる．ヤング率と断面 2 次モーメントの積 EI を**曲げこわさ**と呼ぶこ

とがある．なお，直径 d の円形断面の場合の断面 2 次モーメントは

$$I = \frac{\pi d^4}{64} \tag{7.56b}$$

で与えられる．この I を用いればモーメントはあらためて

$$M = -EI\,\frac{d^2 u_y}{dx^2} \tag{7.57}$$

である．これを時間微分すれば y 方向振動速度 v_y に関する式 (7.45) が得られる．

なお，これまでの議論は波長に比べて細い棒や薄い板についてのみ有効である．棒や板の中立面の位置は保たれ，断面は平面を保たれると仮定している．すなわち，せん断変形は無いとし，曲げによる軸方向の歪みが直径（厚さ）方向に線形に変化していると仮定した．また，回転運動による慣性を無視している．これらを**ベルヌーイ–オイラーの仮定**と呼ぶ．これは周波数でみれば，低周波のときに有効な仮定である．式 (7.50) では，周波数を高くすると伝搬速度が際限なく大きくなることになり，高周波には適用できないことは明らかである．実際には，周波数を上げるか，直径や厚さを大きくすると，ベルヌーイ–オイラーの仮定で無視した回転慣性やせん断歪みの影響が出てきて，伝搬速度はそれほど大きくはならない．直径の大きな棒や厚い板の場合はより精密な解析が必要である．

7.5 横　　波

地震の分野では，縦波を**P 波**，横波を**S 波**と呼ぶ．P 波はS 波よりも伝搬速度が大きく，先に到来するのでprimary の頭文字をとっている．S 波は2 番目に到来するのでsecondary の頭文字をとっている．P 波の伝搬速度は式 (7.29) で表せる．変位が伝搬方向と直交する振動がS 波である．7.3 節で学んだ丸棒のねじり波はS 波の一例である．また，広い地表に平行な方向にのみ変位している横波は伝搬方向に垂直な変位しか有していない純粋な横波である．このような，境界面に水平（horizontal）な振動成分をもつ横波を**SH 波**という．丸棒のねじり振動もSH 波である．SH 波の伝搬速度は剛性率と密度により表される式 (7.40) に等しい．

これに対して，細棒に伝わる縦波は**P + SV 波**であるということができる．伝搬方向に平行な変位をもつP 波の振る舞いに加えて，図 7.4 のように伝搬方向に垂直な変位成分を有しており，これが境界面に垂直（vertical）なことから，**SV 波**といえる．運動方程式である式 (7.17) には，この径方向の動きは盛り込まれていない．弾性については，ヤング率を用いていることから，この径方向の動きが考えられていることになる．直径が大きくなると，この径方向に変位する慣性の影響により，音速は式 (7.20) よりも小さくなる．式 (7.20) が適用できるのは，棒の直径が伝搬する縦波の波長の $\frac{1}{4}$ 程度までである．また，この細棒の仮定を満たさなくなると，振動振幅が棒の断面で一様ではなくなってくる．

一方，第 9 章と第 10 章で述べる超音波の応用分野を例に取ると，金属部品の欠陥検査などを行う数 MHz の非破壊検査では波長が短く，式 (7.29) の純粋な縦波に近い．一方，パワー超音波振動系などで使われる振動子や伝送棒などは細棒の条件になっているものが多い．また，7.4 節で検討したたわみ振動は伝搬方向に直交した変位をもつので横波といえるが，断面に垂直な変位ももつため，P + SV 波である．

SH 波は単独で存在するが，SV 波は単独では存在せず，P + SV 波という形で現れる．P + SV 波は直交する 2 つの振動変位成分をもっている．図 7.8 から，中立面は横方向（y 軸方向）にのみ変位しているが，表面（$y = \frac{a}{2}$）では x 軸方向の変位も有している．このことは，第 10 章で取り上げる超音波モータの動作原理に関係している．

7.6　弦の振動

これまで学んできた固体の弾性による振動に対し，ギターなどの弦楽器の弦の振動では，弾性力ではなく，弦の張力 P が復元力となっている．弦の変位を u_y とすると，弦の微小部分 Δx には，図 7.9 のように，変位を元に戻す力 $P\sin\theta$ が作用している．ここで，θ は変位した弦の傾き角であり，変位を微小であるとして，

$$\sin\theta \approx \frac{du_y}{dx} \tag{7.58}$$

である．張力により弦の微小部分の両側に働く力の差分が慣性力と釣り合うとして，運動方程式は

$$P\,\frac{\partial^2 u_y}{\partial x^2} = \rho_{\mathrm{s}}\,\frac{\partial^2 u_y}{\partial t^2} \tag{7.59}$$

と導ける．これまでの議論と同様，角周波数 ω の調和振動を仮定して，

$$\frac{d^2 u_y}{dx^2} + \omega^2\,\frac{\rho_{\mathrm{s}}}{P}\,u_y = 0 \tag{7.60}$$

が得られる．ここでも，便宜上，変位には時間を含む式 (7.59) と同じ文字をあてている．式 (7.60) より，弦の振動の伝搬速度は，張力と線密度により，

$$c_{\mathrm{s}} = \sqrt{\frac{P}{\rho_{\mathrm{s}}}} \tag{7.61}$$

で与えられることがわかる．線密度 ρ_{s} は単位長さ当たりの質量である．

弦楽器の調整は張力によって行われるが，これは伝搬速度を調整しているのだということがわかる．

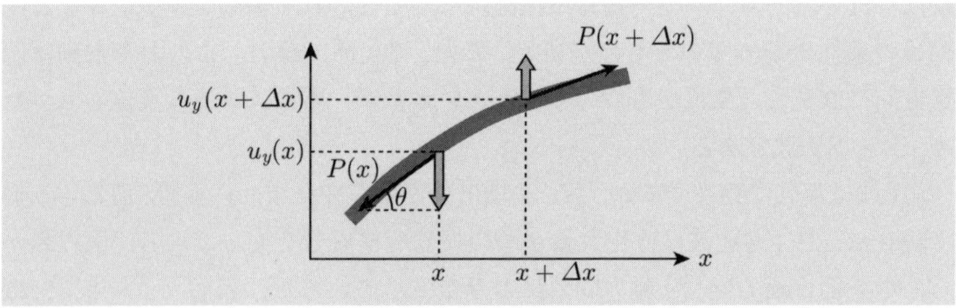

図 7.9　弦の振動

電気鉄道の最大速度と架線

新幹線の速度は，1964 年の営業開始以来，年々向上してきている．動力の強化や空気抵抗の削減，線路と車輪の駆動メカニズム（粘着駆動）の追究など，さまざまな視点での技術向上のたまものである．ここでは，どこまで高速化できるのかを，電力を供給する架線の変位の側面から考えてみよう．

新幹線をはじめとする電気鉄道の多くは，図 7.10 のように架線からパンタグラフを介して電力を供給している．パンタグラフは架線と安定に接触を続けるように，ばねにより架線に押し付けられている．架線から見ると，常にパンタグラフに押し上げられている．すなわち，電車が移動するのに応じて，この押し上げられた架線の変位も移動してゆく必要があるわけである．押し上げる変位の移動は弦の振動の伝搬速度よりも速くはならないから，式 (7.61) で与えられる伝搬速度を電車の最大速度よりも大きく設定する必要がある．このために架線には大きな張力を加えるが，架線の材料が耐えうる引張強度で張力は制限される．伝搬速度を高めるには密度が小さいことも必要である．もちろん，電力供給の観点から電気伝導度が高いことも必要である．金属材料の引張強度の代表例を表 7.2 に掲げる．丈夫な材料は電気伝導度があまり高くないことも多いので，張力は丈夫な材料の線に負担させ，パンタグラフとの接触部分には銅を用いるなどの工夫が必要であることがわかる．

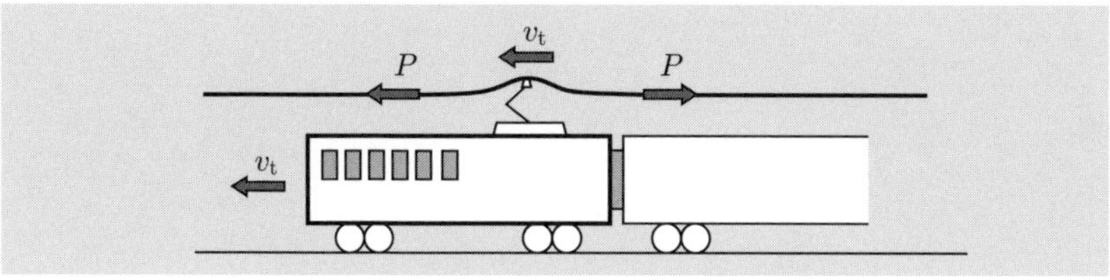

図 7.10　電気鉄道の速度に関する考察

表 7.2　各種金属材料の引張強度の例

無酸素銅	195 MPa
ジュラルミン（A2017）	355 MPa
超ジュラルミン（A2024）	430 MPa
超々ジュラルミン（A7075）	573 MPa
鋼（S45C）	828 MPa
ステンレス鋼（SUS304）	520 MPa
チタン合金	860 MPa

7章の問題

□ **1** ポアソン比は $\frac{1}{2}$ を超えないことを示せ.

□ **2** 鉄, 銅, アルミニウムでそれぞれ作られた細い丸棒を伝わる縦波とねじり波の伝搬速度を計算せよ.

□ **3** 一辺が a の正方形断面の断面2次極モーメントを計算せよ. また, そのときのねじり振動の伝搬速度を求めよ.

□ **4** 丸棒の断面2次モーメントの式 (7.56b) を導け.

□ **5** ステンレス鋼を電車の架線に用いた場合, 架線の変位が電車の移動に追従できる範囲という観点から電車の最大速度を計算せよ. ステンレス鋼の密度は 7800 kg/m^3 とせよ.

□ **6** 張力をかけたピアノ線に伝わる振動が, たわみ振動であるか弦の振動であるかはどのような条件に依存するのかを考察せよ.

第8章

振動モードとその計算法

前章では固体振動の典型例として，数学的に記述しやすい単純な形状の物体をとりあげ，それぞれについて波動方程式とその一般解を導き，伝搬速度について考えた．一方，有限な大きさの振動体の共振周波数とその周波数での振動分布を知りたい場合も多い．実応用の複雑な形状の物体の場合，単純な数式では表現できないか，解くことができないことがほとんどであり，数値的な解法に頼ることになる．今日では，さまざまな振動解析プログラムがあり，それらを使えば多様な形状の物体の共振周波数や振動モードを求めることができる．そのため，数式を変形したりプログラムを自ら作成することはほとんどなく，プログラムの中身を知らなくとも困ることはないかもしれない．しかし，計算の見通しをつけるためや，計算結果の吟味をする上で，振動モードの考え方と計算法の基礎について学ぶことは意味がある．本章では，そのような解析法への橋渡しと，典型的な振動体の性質の紹介を行う．

8.1 両端自由の丸棒の縦振動とねじり振動

細棒の縦振動について 7.2 節で学んだ．振動速度に関する一般解は式 (7.21) のとおりである．式 (7.21) を式 (7.16) に代入し，式 (7.19) を用いると，棒の断面に働く力は

$$F_x(x) = Z_{\mathrm{L}}(Ae^{-jk_{\mathrm{L}}x} - Be^{jk_{\mathrm{L}}x}) \tag{8.1}$$

と計算できる．ここで，

$$Z_{\mathrm{L}} = S\sqrt{\rho E} \tag{8.2}$$

は縦振動に対する棒のインピーダンスである．棒の長さを L とし，両端が自由の場合を考えよう．すなわち，両端に働く力は 0 であり，

$$F_x(0) = Z_{\mathrm{L}}(A - B) = 0 \tag{8.3}$$

$$F_x(L) = Z_{\mathrm{L}}(Ae^{-jk_{\mathrm{L}}L} - Be^{jk_{\mathrm{L}}L}) = 0 \tag{8.4}$$

である．これらを**境界条件**という．

式 (8.3) より $A = B$ であり，C を定数として，振動速度分布は

$$v_x(x) = C\cos(k_{\mathrm{L}}x) \tag{8.5}$$

と計算される．一方，式 (8.4) より，

$$\sin(k_{\mathrm{L}}L) = 0 \tag{8.6}$$

が得られる．この式の解は

$$k_{\mathrm{L}}L = 0, \pi, 2\pi, \ldots \tag{8.7}$$

である．周波数は，$n = 0, 1, 2, \ldots$ として，

$$f_{\mathrm{L}n} = \frac{n}{2L}\sqrt{\frac{E}{\rho}} \tag{8.8}$$

と与えられる．これを**共振周波数**という．$n = 0$ の場合は，周波数が 0 であり，振動ではないので除外する．それぞれの共振周波数に対応する式 (8.5) で表される振動速度分布の形を**振動モード**と呼ぶ．式 (8.6) のように共振周波数に関わる条件式を**周波数方程式**と呼ぶ．以上のように，波動方程式の一般解に境界条件をあてはめ，そこから得られる周波数方程式を解いて共振周波数を求める

のが，振動モードを扱う手順である．

$n = 1, 2, 3$ について，両端自由の細棒の縦振動モードの形とその共振周波数を図 8.1 に示す．この n を**振動の次数**といい，第 n 番目の振動モードを n 次振動と呼ぶ．特に，最も次数が低いもの（$n = 1$）を**基本モード**といい，それ以外を**高次モード**と呼ぶ．細棒の縦振動の場合には，このように，高次モードの共振周波数は基本モードの共振周波数の整数倍になっている．なお，縦振動であるので，棒は長さ方向に変位しているが，図中では，便宜上，変位（あるいは振動速度）を横方向で表示している．

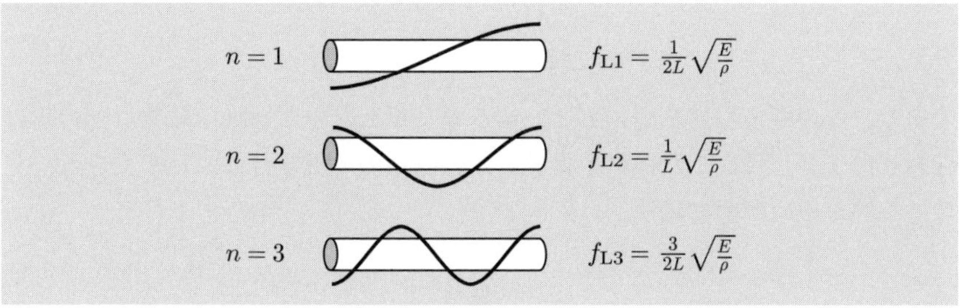

図 8.1　細棒の縦振動の振動モードと共振周波数

次に，直径や材質の異なる 2 つの棒がつなぎ合わされた図 8.2 のような場合について考えよう．この場合でも，それぞれの棒についての波動方程式の一般解に境界条件を課すことで周波数方程式を導けば，共振周波数を求めることができるが，接続する棒の数が増えると計算が煩雑になる．そこで，第 5 章において，異なった媒質が連なった場合の音波伝搬を考える際に縦続行列を導入したことを思い出そう．波動方程式の形が音波と同じなので，同様な形式で表現することができる．第 n 番目の部材の長さ，断面積，インピーダンス，波数をそれ

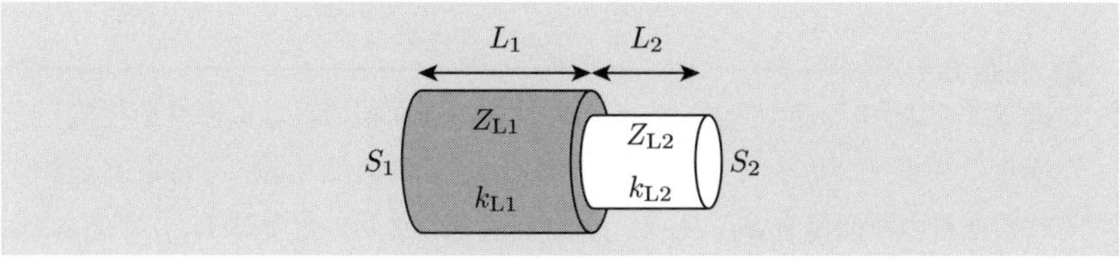

図 8.2　直径や材質の違う棒から成る振動体

ぞれ，L_n, S_n, $Z_{\mathrm{L}n}$, $k_{\mathrm{L}n}$ とし，図 8.3 のように部材の両端の力 $F_x(0)$, $F_x(L_n)$ と振動速度 $v_x(0)$, $v_x(L_n)$ を定めると，縦振動に関する縦続行列によって次式のように結びつけられる．

$$\begin{pmatrix} F_x(L_n) \\ v_x(L_n) \end{pmatrix} = \begin{pmatrix} \cos(k_{\mathrm{L}n}L_n) & -jZ_{\mathrm{L}n}\sin(k_{\mathrm{L}n}L_n) \\ -\frac{j}{Z_{\mathrm{L}n}}\sin(k_{\mathrm{L}n}L_n) & \cos(k_{\mathrm{L}n}L_n) \end{pmatrix} \begin{pmatrix} F_x(0) \\ v_x(0) \end{pmatrix} \tag{8.9}$$

ここで，インピーダンスは材料の特性インピーダンスと断面積の積により，

$$Z_{\mathrm{L}n} = S_n\sqrt{\rho_n E_n} \tag{8.10}$$

と表せる．ρ_n, E_n は n 番目の部材の密度とヤング率である．波数は

$$k_{\mathrm{L}n} = \omega\sqrt{\frac{\rho_n}{E_n}} \tag{8.11}$$

である．この縦続行列を用いると，第 5 章で示したのと同様に縦続行列の掛け合わせにより，異なった部材を接続した振動系の解析を行うことができる．具体的な例を次の例題に示す．

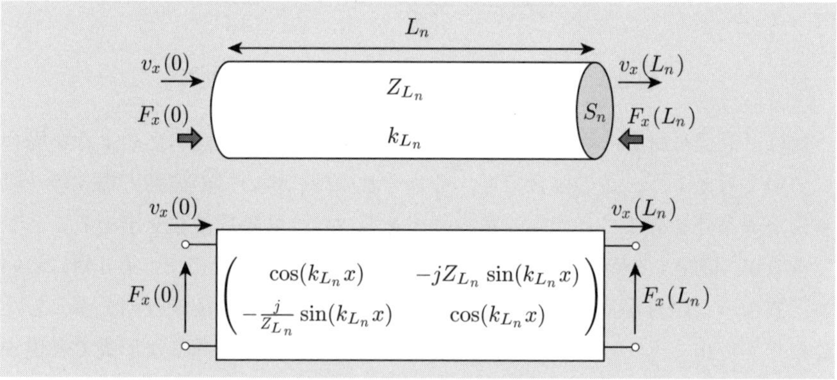

図 8.3　縦波の伝わる細棒とその縦続行列

■ 例題 8.1

図 8.4 のように，同じ長さ L で同じ材質の断面積の異なる棒材を接続した構造はステップホーンと呼ばれ，パワー超音波応用で用いられる．それぞれの部材の断面積を S_1, S_2 とし，材料のヤング率と密度は E, ρ である．断面積の比と両端の振動速度との関係について述べよ．

【解答】 左側の部材と右側の部材のインピーダンス Z_{L1}, Z_{L2} は，それぞれ，

$$Z_{\mathrm{L1}} = S_1\sqrt{\rho E} \tag{8.12}$$

$$Z_{\mathrm{L2}} = S_2\sqrt{\rho E} \tag{8.13}$$

である．1 つの部材の長さ L が $\frac{1}{4}$ 波長のとき，

$$\sin(k_{\mathrm{L}}L) = 1,\ \cos(k_{\mathrm{L}}L) = 0 \tag{8.14}$$

である．両端は自由であるため，両端の力は 0 である．左側の振動速度と右側の振動速度を v_1, v_2 とすると，直径の異なる 2 つの部材の縦続行列の積により，

$$\begin{pmatrix} 0 \\ v_2 \end{pmatrix} = \begin{pmatrix} 0 & -jZ_{\mathrm{L2}} \\ -\frac{j}{Z_{\mathrm{L2}}} & 0 \end{pmatrix} \begin{pmatrix} 0 & -jZ_{\mathrm{L1}} \\ -\frac{j}{Z_{\mathrm{L1}}} & 0 \end{pmatrix} \begin{pmatrix} 0 \\ v_1 \end{pmatrix} \tag{8.15}$$

と書ける．これと式 (8.12), (8.13) より，

$$v_2 = -\frac{Z_{\mathrm{L1}}}{Z_{\mathrm{L2}}}\,v_1 = -\frac{S_1}{S_2}\,v_1 \tag{8.16}$$

のように，全長が半波長のステップホーンでは，ステップ部が振動の節となり，端部の振動速度は断面積の逆比倍になることがわかる．つまり，ステップホーンを使うと振動速度を面積比の逆数だけ増加させることができるのである．

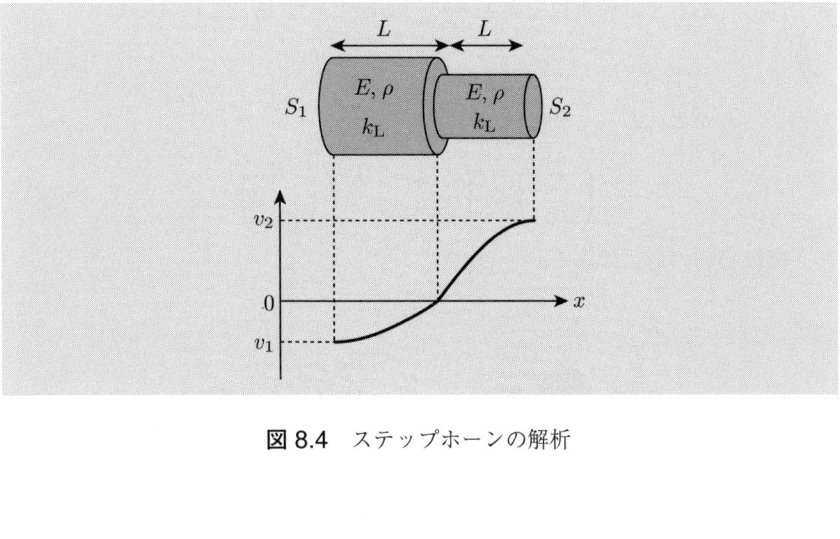

図 8.4 ステップホーンの解析

次に，ねじり振動の場合を考えてみよう．ねじり振動の縦続行列は，形式は式 (8.9) の縦振動の場合と同様で，インピーダンスと波数を

$$Z_{\mathrm{T}n} = I_{\mathrm{P}n}\sqrt{\rho_n G_n} \tag{8.17}$$

$$k_{\mathrm{T}n} = \omega\sqrt{\frac{\rho_n}{G_n}} \tag{8.18}$$

で置き換えたものとなる．ここに，$I_{\mathrm{P}n}$ は断面 2 次極モーメントであり，G_n は剛性率である．これらを式 (8.10), (8.11) の代わりに用いたねじり振動に関する縦続行列を用いれば，縦振動と同様にねじり振動の解析ができる．

縦続行列の応用についてもう少し検討を続けよう．質点やばねの振動を縦続行列で表すことを考える．まず，図 8.5 の質量 m，速度 v の質点に関する運動方程式は，力の差分 $F_1 - F_2$ が慣性力に等しいとして，

$$j\omega m v = F_1 - F_2 \tag{8.19}$$

である．速度は共通であり，以下の縦続行列の形に書ける．

$$\begin{pmatrix} F_2 \\ v \end{pmatrix} = \begin{pmatrix} 1 & -j\omega m \\ 0 & 1 \end{pmatrix} \begin{pmatrix} F_1 \\ v \end{pmatrix} \tag{8.20}$$

一方，ばねの場合は，両端の変位の差分 $u_1 - u_2$ が力 F に比例する．力は両端で同じである．ばね定数を k として，両端の速度 v_1, v_2 によって，

$$v_1 - v_2 = \frac{j\omega}{k} F \tag{8.21}$$

と書くことができる．これは，

$$\begin{pmatrix} F \\ v_2 \end{pmatrix} = \begin{pmatrix} 1 & 0 \\ -\frac{j\omega}{k} & 1 \end{pmatrix} \begin{pmatrix} F \\ v_1 \end{pmatrix} \tag{8.22}$$

と，縦続行列の形にできる．

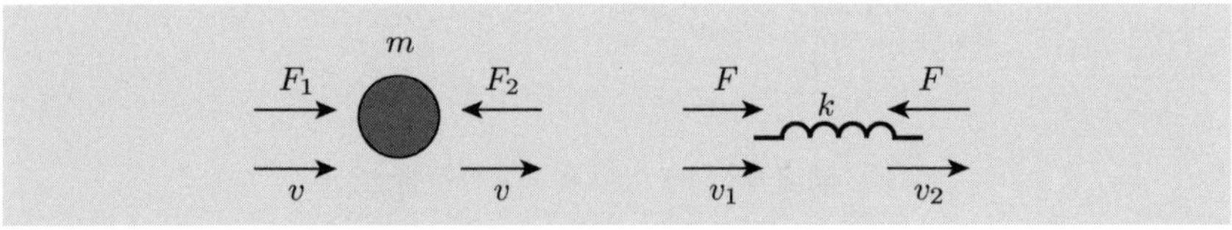

図 8.5　質点とばねの運動のモデル化

■ 例題 8.2

図 8.6 のように，一端に質量 m の小物体が付いた長さ l の細棒を考える．細棒だけのときに半波長で共振する周波数のままで共振するためには，細棒の長さをどれだけ短くすればよいか考察せよ．

【解答】 細棒の縦続行列と質点の縦続行列は，

$$\boldsymbol{K}_1 = \begin{pmatrix} \cos(kl) & -jZ\sin(kl) \\ -\frac{j}{Z}\sin(kl) & \cos(kl) \end{pmatrix}, \quad \boldsymbol{K}_2 = \begin{pmatrix} 1 & -j\omega m \\ 0 & 1 \end{pmatrix} \tag{8.23}$$

である．細棒のインピーダンスを Z とし，波数を k としている．これより，この振動体の両端での振動速度と力は

$$\begin{pmatrix} F_2 \\ v_2 \end{pmatrix} = \boldsymbol{K}_2\boldsymbol{K}_1 \begin{pmatrix} F_0 \\ v_0 \end{pmatrix} \tag{8.24}$$

の関係にある．両端自由の条件から，$F_0 = F_2 = 0$ であり，

$$Z\sin(kl) + \omega m\cos(kl) = 0 \tag{8.25}$$

が導かれる．細棒はそれ単独の共振長より Δl（$\Delta l \ll \lambda$）だけ短いとして，

$$kl = \pi - 2\pi\frac{\Delta l}{\lambda} \tag{8.26}$$

を式 (8.25) に代入し，引数が小さいときの三角関数の近似を用いると，

$$m = \rho S\Delta l \tag{8.27}$$

が得られる．これは，付加された質量 m に等しい分だけ細棒の長さを短くすればよいことを示している．このことは，超音波加工などのパワー超音波応用において振動系の先に小さな工具を付けた場合の振動系設計に応用できる．

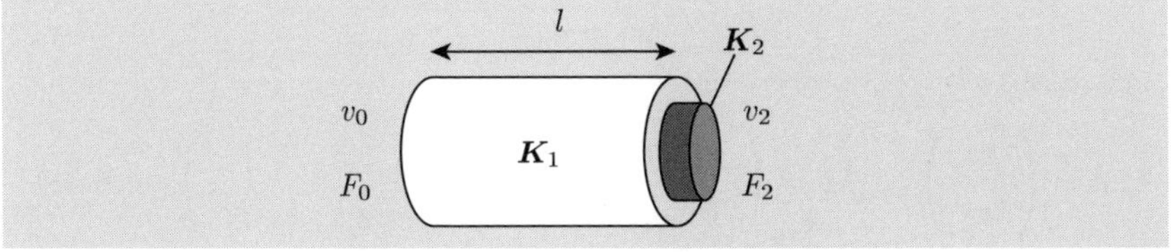

図 8.6 端部に質量が接続した細棒 ■

8.2　振動モードと共振周波数

これまで検討した棒などの連続体の振動に対して，図 8.7 のように多数の質点とばねから成る振動系を**離散振動系**という．第 2 章や第 3 章では質点とばねそれぞれ 1 つから成る振動系について述べた．これは最も簡単な離散振動系であり，1 自由度しかもたない．これに対し図 8.7 のような振動系は**多自由度振動系**という．図 8.7 の場合は，質点が 2 つであり，それぞれの変位を x_1, x_2 とする．変位を表す変数が 2 つなので 2 自由度振動系である．中央のばねのばね定数は c であり，両側のばねのばね定数は同じ値で k である．質量はどちらの質点も m である．左側の質点についての運動方程式は

$$m\frac{d^2x_1}{dt^2} = -kx_1 + c(x_2 - x_1) \tag{8.28}$$

であり，右側の質点についての運動方程式は

$$m\frac{d^2x_2}{dt^2} = -kx_2 - c(x_2 - x_1) \tag{8.29}$$

である．調和振動を仮定し，式 (8.28) と (8.29) を行列形式にまとめると，

$$-\omega^2\begin{pmatrix} m & 0 \\ 0 & m \end{pmatrix}\begin{pmatrix} x_1 \\ x_2 \end{pmatrix} = -\begin{pmatrix} k+c & -c \\ -c & k+c \end{pmatrix}\begin{pmatrix} x_1 \\ x_2 \end{pmatrix} \tag{8.30}$$

となる．

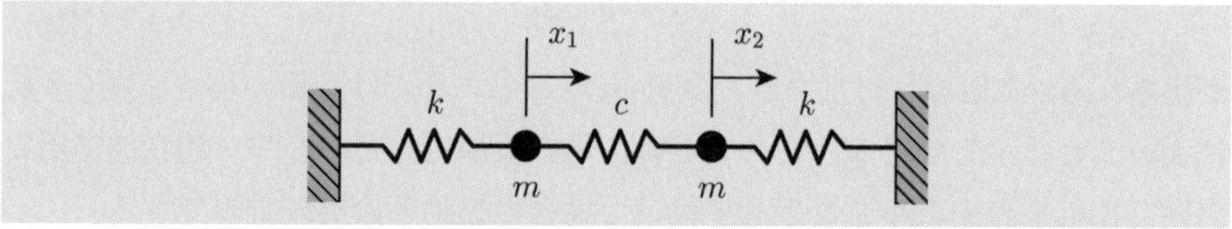

図 8.7　2 つの質点と 3 つのばねから成る振動系

式 (8.30) のベクトルや行列を

$$\boldsymbol{x} = \begin{pmatrix} x_1 \\ x_2 \end{pmatrix},\quad \boldsymbol{M} = \begin{pmatrix} m & 0 \\ 0 & m \end{pmatrix},\quad \boldsymbol{k} = \begin{pmatrix} k+c & -c \\ -c & k+c \end{pmatrix} \tag{8.31}$$

とおくと，式 (8.30) は

$$(\omega^2\boldsymbol{M} - \boldsymbol{k})\boldsymbol{x} = \boldsymbol{0} \tag{8.32}$$

と書くことができる．ここに，$\boldsymbol{x}$ を**変位ベクトル**，$\boldsymbol{M}$ を**質量行列**，$\boldsymbol{k}$ を**弾性行列**と呼ぶ．この方程式が $\boldsymbol{x} \neq \boldsymbol{0}$ である解をもつ条件は，行列式が 0 となることから，

$$\det(\omega^2 \boldsymbol{M} - \boldsymbol{k}) = 0 \tag{8.33}$$

である．この解として，

$$\omega_1 = \sqrt{\frac{k}{m}}, \quad \omega_2 = \sqrt{\frac{k+2c}{m}} \tag{8.34}$$

の 2 つの共振角周波数が得られる．$\omega = \omega_1$ のときと $\omega = \omega_2$ のときの変位ベクトルは，それぞれ，

$$\boldsymbol{x}_1 = \begin{pmatrix} 1 \\ 1 \end{pmatrix}, \quad \boldsymbol{x}_2 = \begin{pmatrix} 1 \\ -1 \end{pmatrix} \tag{8.35}$$

である．この変位の様子を図 8.8 に図示する．$\omega = \omega_1$ のときの振動が 1 次モード，$\omega = \omega_2$ のときの振動が 2 次モードである．一般に，モードの数は自由度の数だけ存在する．

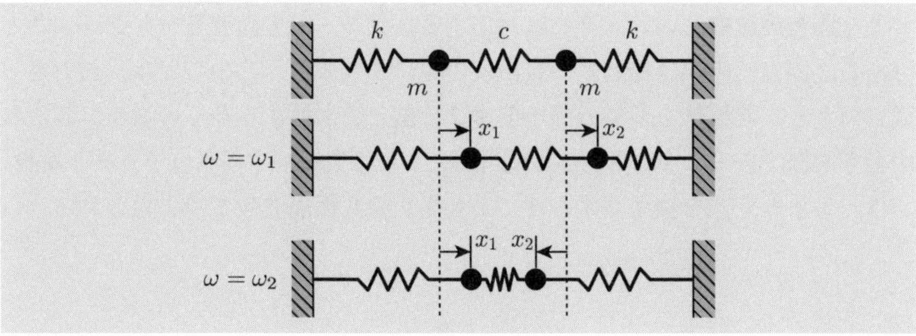

図 8.8　2 自由度系の振動モード

ここで，改めて，図 8.9 の質点とばねそれぞれ 1 つずつから成る 1 自由度振動系を見直してみよう．その運動方程式は

$$m\frac{d^2x}{dx^2} = -kx \tag{8.36}$$

であり，調和振動の場合には，

$$(\omega^2 m - k)x = 0 \tag{8.37}$$

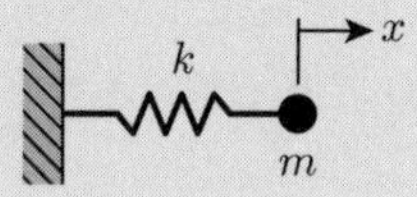

図 8.9　1自由度の振動系

となる．これより，

$$\omega^2 m - k = 0 \tag{8.38}$$

が周波数方程式である．共振周波数は

$$\omega_0 = \sqrt{\frac{k}{m}} \tag{8.39}$$

と求められるわけである．2自由度の場合はベクトルや行列の式にはなっているが，数式の形式は1自由度の場合と同じであることに気付いてほしい．

以上の検討結果をまとめると，多自由度の振動系の解析では，運動方程式は行列の形で書くことができ，その連立方程式の固有値が共振周波数に対応し，それぞれの固有ベクトルが振動モードに対応している．そのため，共振周波数のことを**固有周波数**といい，それに対応する振動モードを**固有モード**と呼ぶこともある．固有値の数は振動系の自由度の数に一致する．このことは，おおざっぱにいうと，連続体を多くの微小要素に分割して計算する多くの数値計算法の場合も同様である．すなわち，数値計算による振動モード解析（モーダル解析）では，対象の分割を細かくすると，より高次の共振周波数まで出力される．

8.3 振動モードの近似計算法

ここでは，両端を固定した弦の振動を例に，振動モードの近似計算法について学ぼう．7.6 節で導いた式 (7.60) が弦の振動の方程式である．両端を固定した長さ $2L$ の弦の振動モードを考える．原点を弦の左端に取れば，振動変位の理論値は，n をモード次数，D を定数として，

$$u_y = D\sin\left(\frac{n\pi}{2L}\,x\right) \tag{8.40}$$

である．これを式 (7.60) に代入して，n 次モードの共振角周波数は，張力 P と線密度 $\rho_{\rm s}$ を用いて

$$\omega_n = \frac{n\pi}{2L}\sqrt{\frac{P}{\rho_{\rm s}}} \tag{8.41}$$

と計算される．1 次モードと 2 次モードの共振角周波数を求めると，

$$\omega_1 = \frac{1.5707963}{L}\sqrt{\frac{P}{\rho_{\rm s}}},\quad \omega_2 = \frac{3.1415927}{L}\sqrt{\frac{P}{\rho_{\rm s}}} \tag{8.42}$$

である．これらが理論値（厳密解）である．

次に，エネルギーの性質に注目して，共振周波数を近似的に求める方法について，この両端固定の弦の振動を例に説明しよう．2.3 節で述べたように，質点とばねの単振動では，運動エネルギーの最大値 $T_{\rm max}$ と弾性エネルギー（位置エネルギー）の最大値 $U_{\rm max}$ は等しい．これは，弾性体や弦の振動にもいえることである．

$$T_{\rm max} = U_{\rm max} \tag{8.43}$$

長さが $2L$ の弦の場合，振動分布の理論解が式 (8.40) のように得られているが，複雑な形状の弾性振動体の場合には振動分布を簡単な数式では表せない．そこで，近似解法では振動分布を仮定することから始める．計算の都合上，原点を弦の中央に取り直し，図 8.10 の 1 次モード，2 次モードのうち，1 次モードについて考えよう．両端固定，すなわち，両端で振動変位が 0 という境界条件を満たす振動分布として放物線

$$u_y = a(L-x)(L+x) \tag{8.44}$$

を仮定しよう．これを用いると，弦全体のエネルギーの最大値はそれぞれ

$$T_{\max} = \int_{-L}^{L} \frac{1}{2} \rho_s \left(\frac{du_y}{dt} \right)^2 dx = \int_{-L}^{L} \frac{1}{2} \rho_s \omega^2 u_y^2 \, dx$$
$$= \frac{8\rho_s \omega^2 a^2 L^5}{15} \tag{8.45}$$
$$U_{\max} = \int_{-L}^{L} \frac{1}{2} P \left(\frac{du_y}{dx} \right)^2 dx = \frac{4Pa^2L^3}{3} \tag{8.46}$$

と計算される．式 (8.43) の関係から，共振角周波数は，

$$\omega_1 = \frac{1.5811388}{L} \sqrt{\frac{P}{\rho_s}} \tag{8.47}$$

と求まる．この結果を式 (8.42) の厳密解と比べると，誤差は +0.66 % である．この方法を**レーリー**（Rayleigh）**法**と呼ぶ．この方法では，一度に 1 つのモードに関してのみしか計算できない．また，いかに実際の振動分布に近い振動分布を想定できるかによって，共振周波数の計算値の正確さが決まる．

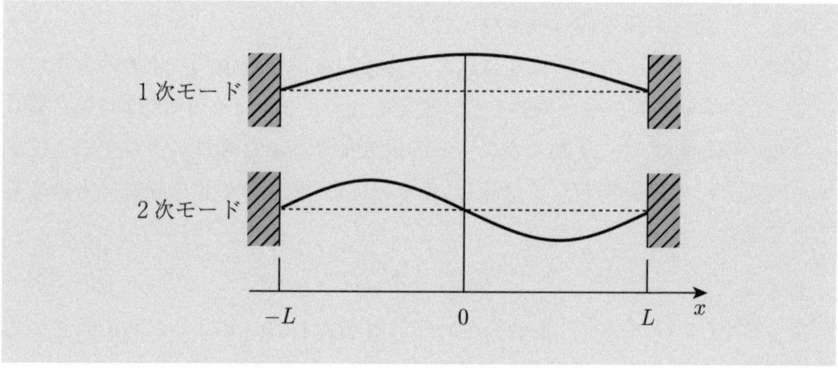

図 8.10　両端固定した弦の振動モード

次に，2 つの係数 a_1, a_2 を用いて，振動変位分布を

$$u_y = a_1(L-x)(L+x) + a_2 x(L-x)(L+x) \tag{8.48}$$

と仮定する．ここで，運動エネルギーの最大値と弾性エネルギーの最大値の差

$$W = T_{\max} - U_{\max} \tag{8.49}$$

を新たに定義する．式 (8.43) の関係をできるだけ満たすには，W の値を極小にする a_1, a_2 を見つければよい．これは，連立方程式

$$\frac{\partial W}{\partial a_1} = 0, \quad \frac{\partial W}{\partial a_2} = 0 \tag{8.50}$$

の解を求める問題となる．式 (8.48) の振動変位分布を式 (8.45) および (8.46) に代入して式 (8.49) を計算し，式 (8.50) を解くと，

$$\omega_1 = \frac{1.5811388}{L}\sqrt{\frac{P}{\rho_\mathrm{s}}}, \quad \omega_2 = \frac{3.2403703}{L}\sqrt{\frac{P}{\rho_\mathrm{s}}} \tag{8.51}$$

と 1 次モードと 2 次モードの共振角周波数が求められる．これらは，式 (8.42) の厳密解に対して，それぞれ $+0.66\,\%$, $+3.14\,\%$ の誤差である．このように，いくつかの係数で結合した式により振動分布を仮定し，エネルギーの差の式 (8.49) を極小にするようにその係数を決める計算法を**リッツ**（Ritz）**法**と呼ぶ．レーリー法とあわせて**レーリー–リッツ法**と呼ばれることもある．いずれにしても，振動変位分布をどのように仮定するかによって誤差が異なる．式 (8.48) では x の 3 次の項までを与えたが，より高次の適切な形の項を加えれば誤差がより小さくなると考えられる．

8.4 梁のたわみ振動モード

7.4節において，棒のたわみ振動について学んだ．たわみ振動では横方向変位と曲げという2つの運動があるため，横変位，傾き（回転），モーメント，せん断力の4つの量について境界条件を満たす必要がある．まず，片端のみ固定した棒（片もち梁）についてみてみよう．長さをLとし，左端（$x=0$）を固定している．たわみ振動の場合の「固定」とは，変位も回転も0ということである．これらの条件は，

$$v_y(0)=0, \quad \frac{dv_y(0)}{dx}=0 \tag{8.52}$$

である．一方，右端（$x=L$）は自由であるので，式(7.45), (7.46)で示されるモーメントとせん断力が0であるという条件より，

$$\frac{d^2v_y(L)}{dx^2}=0, \quad \frac{d^3v_y(L)}{dx^3}=0 \tag{8.53}$$

が得られる．ここで，計算の便宜上，式(7.48)を次の形式に書き換える．

$$\begin{aligned} v_y(x) &= A_1\big(\cos(k_{\mathrm{B}}x)+\cosh(k_{\mathrm{B}}x)\big)+A_2\big(\cos(k_{\mathrm{B}}x)-\cosh(k_{\mathrm{B}}x)\big) \\ &\quad + A_3\big(\sin(k_{\mathrm{B}}x)+\sinh(k_{\mathrm{B}}x)\big)+A_4\big(\sin(k_{\mathrm{B}}x)-\sinh(k_{\mathrm{B}}x)\big) \end{aligned} \tag{8.54}$$

式(8.52), (8.53)の境界条件をこれに適用すると，$A_1=A_3=0$が得られ，さらに，

$$\cos(k_{\mathrm{B}}L)\cdot\cosh(k_{\mathrm{B}}L)+1=0 \tag{8.55}$$

という周波数方程式が導かれる．これの解は数値的に求めると，

$$k_{\mathrm{B}}L=1.875,\ 4.694,\ 7.855,\ldots \tag{8.56}$$

である．縦振動やねじり振動と異なり，高次モードの固有値が基本モードの固有値の整数倍になっていないことがわかる．式(7.49)の関係から，角周波数は

$$\omega=(k_{\mathrm{B}}L)^2\cdot\frac{1}{L^2}\sqrt{\frac{E}{\rho}}\sqrt{\frac{I}{A}} \tag{8.57}$$

である．たわみ振動では断面2次モーメントを断面積で除したものの平方根が固有周波数に影響を与えることがわかる．矩形断面と円形断面について，これ

表 8.1　断面形状とその性質

	A	I	$\sqrt{\frac{I}{A}}$
矩形断面（厚さ a，幅 b）	ab	$\frac{a^3b}{12}$	$\frac{a}{2\sqrt{3}}$
円形断面（直径 d）	$\frac{\pi d^2}{4}$	$\frac{\pi d^4}{64}$	$\frac{d}{4}$

らを表 8.1 にまとめた．

次に，両端自由の長さ L の棒のたわみ振動を考えよう．この場合の境界条件は，

$$\frac{d^2v_y(0)}{dx^2}=0,\quad \frac{d^3v_y(0)}{dx^3}=0,\quad \frac{d^2v_y(L)}{dx^2}=0,\quad \frac{d^3v_y(L)}{dx^3}=0 \tag{8.58}$$

である．これを式 (8.54) に代入して，周波数方程式

$$\cos(k_{\rm B}L)\cdot\cosh(k_{\rm B}L)-1=0 \tag{8.59}$$

が得られる．また，$A_2=A_4=0$ である．これの解は，

$$k_{\rm B}L=0,\ 4.730,\ 7.853,\ 10.996,\ldots \tag{8.60}$$

である．このうち，$k_{\rm B}L=0$ は剛体的な平行移動に対応し，振動ではない．

以上から，片端固定の梁，両端自由の梁の振動モードを図 8.11 と図 8.12 にそれぞれ示す．どちらの場合も，梁の自由端の振動変位が梁の中間部の振動の腹よりも 2～3 割だけ大きくなっている．節の位置も等間隔ではないが，図に示していない高次の振動モードでは，梁の中央部で節間隔がほぼ等間隔になり，振動の腹の大きさもそろってくる．

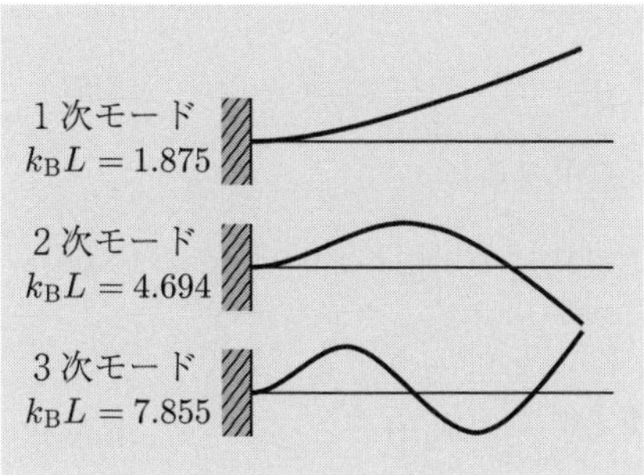

図 8.11　片もち梁の振動モード

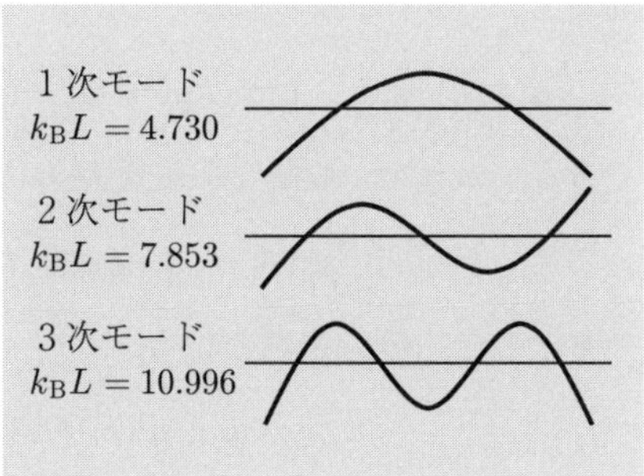

図 8.12　両端自由の梁の振動モード

8.5 膜の振動モード

ここまでは，振動が一方向のみに分布する 1 次元の振動を扱ってきた．この節では，2 次元に分布する振動の代表例として膜の振動をみてみよう．実際の例には，コンデンサマイクロフォンの振動膜がある．

7.6 節では弦の振動を学んだ．膜の振動はこれを 2 次元に拡張したものと考え，弦の波動方程式である式 (7.59) と同様に導くことができる．膜の単位長さ当たりの張力 [N/m] と単位面積当たりの質量（面密度）[kg/m^2] をそれぞれ，P_{M} と ρ_{M} とすると，膜の変位 u に関する波動方程式は

$$P_{\mathrm{M}}\left(\frac{\partial^2 u}{\partial x^2}+\frac{\partial^2 u}{\partial y^2}\right)=\rho_{\mathrm{M}}\,\frac{\partial^2 u}{\partial t^2} \tag{8.61}$$

と書くことができる．ここで，角周波数 ω の調和振動に限定すると，この波動方程式は

$$\frac{\partial^2 u}{\partial x^2}+\frac{\partial^2 u}{\partial y^2}+k_{\mathrm{M}}^2 u=0 \tag{8.62}$$

となる．なお，式 (8.62) では，変位 u は調和振動を仮定して時間項を省略している．なお，波数 k_{M} は

$$k_{\mathrm{M}}=\omega\sqrt{\frac{\rho_{\mathrm{M}}}{P_{\mathrm{M}}}} \tag{8.63}$$

である．式 (8.62) を満たす解は，A, B, C, D を定数として，

$$u(x,y)=\bigl(A\sin(k_x x)+B\cos(k_x x)\bigr)\bigl(C\sin(k_y y)+D\cos(k_y y)\bigr) \tag{8.64}$$

と，x 方向の分布と y 方向の分布の積で書くことができる．ここで，横幅 L_x，縦幅 L_y の矩形の膜の振動を考えよう．周囲固定であるので，境界条件は

$$u(x,0)=0,\quad u(x,L_y)=0,\quad u(0,y)=0,\quad u(L_x,y)=0 \tag{8.65}$$

である．これを一般解である式 (8.64) に適用すると，

$$\sin(k_x L_x)\cdot\sin(k_y L_y)=0,\quad B=D=0 \tag{8.66}$$

であるので，E を定数として，

$$u(x,y)=E\sin(k_x x)\cdot\sin(k_y y) \tag{8.67}$$

によって周囲固定の矩形膜の振動変位を表すことができる．これを式 (8.62) に

代入すれば，

$$k_x^2 + k_y^2 = k_{\mathrm{M}}^2 \tag{8.68}$$

の関係が得られる．式 (8.63) および式 (8.68) より，x 方向，y 方向のモード次数を示す自然数を m, n として，矩形膜の共振周波数 $f_{m,n}$ は

$$f_{m,n} = \frac{\omega}{2\pi} = \frac{1}{2}\sqrt{\frac{P_{\mathrm{M}}}{\rho_{\mathrm{M}}}}\sqrt{\left(\frac{m}{L_x}\right)^2 + \left(\frac{n}{L_y}\right)^2} \tag{8.69}$$

と表せる．これらの共振周波数に対応する振動モードの様子を図 8.13 に示す．図中で（+）は膜が紙面手前向きに変位している部分，（−）は紙面向こう側に変位していることを示している．横幅（x 方向）のほうが縦幅（y 方向）より少し大きい場合には（$L_x > L_y$），共振周波数は

$$f_{1,1} < f_{2,1} < f_{1,2} < f_{2,2} \tag{8.70}$$

となる．もし，振動膜が正方形の場合（$L_x = L_y$），(2,1) モードと (1,2) モードの共振周波数は同一である（$f_{2,1} = f_{1,2}$）．このとき，図 8.14 のように 2 つの振動モードは 90 度回転すると一致する．しかし，これらは互いに別の振動形状と考えるべきである．このように振動モードの形は違っても共振周波数が同じ状態を振動モードが**縮退**しているという．これを数学的に解釈すると，1 次連立方程式において固有値が同じで固有ベクトルが異なる重解の状態に対応している．

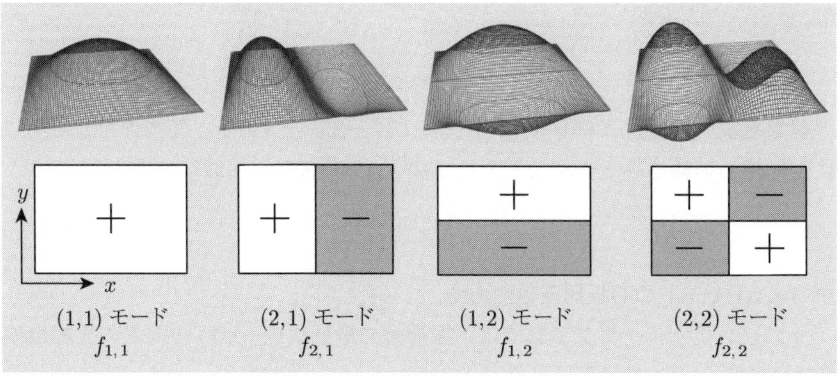

図 8.13　矩形膜の振動モード

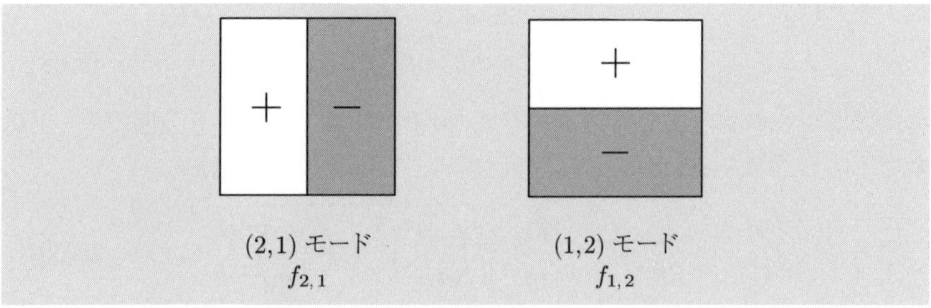

図 8.14　正方形膜の振動モードの縮退

一方，円形膜の場合は，極座標系 (r, θ) により波動方程式を解くと都合がよい．波動方程式は極座標系で

$$\left\{\frac{1}{r}\frac{\partial}{\partial r}\left(r\frac{\partial}{\partial r}\right)+\frac{1}{r^2}\frac{\partial^2}{\partial r^2}\right\}u(r,\theta)+k_{\mathrm{M}}^2\,u(r,\theta)=0 \tag{8.71}$$

と書ける．円形膜の半径を a とし，その周囲で膜が固定されているので，境界条件は

$$u(a,\theta)=0 \tag{8.72}$$

である．この波動方程式の解は，R を定数として，

$$u(r,\theta)=RJ_m\left(\pi\beta_{m,n}\frac{r}{a}\right)\cos(m\theta) \tag{8.73}$$

のように表される．ここに，$J_m(x)$ は m 次第 1 種ベッセル関数であり（第 6 章 6.2 節のコラム参照），$\beta_{m,n}$ は

$$J_m(\pi\beta_{m,n})=0 \tag{8.74}$$

の解である．なお，$m=0,1,2,\ldots$, $n=1,2,3,\ldots$ である．矩形のときと同様に円形膜の振動モードを図示したのが図 8.15 である．周波数で表すと，

$$f_{m,n}=\frac{\omega}{2\pi}=\frac{\beta_{m,n}}{2a}\sqrt{\frac{P_{\mathrm{M}}}{\rho_{\mathrm{M}}}} \tag{8.75}$$

が (m,n) モードの共振周波数である．

コンデンサマイクロフォンでは，振動膜の最低次の $(0,1)$ モードの共振周波数よりも低い周波数で周波数特性が平坦になる．このため，密度が小さい材料を振動膜に選び，共振周波数が高くなるように振動膜に大きな張力をかけてい

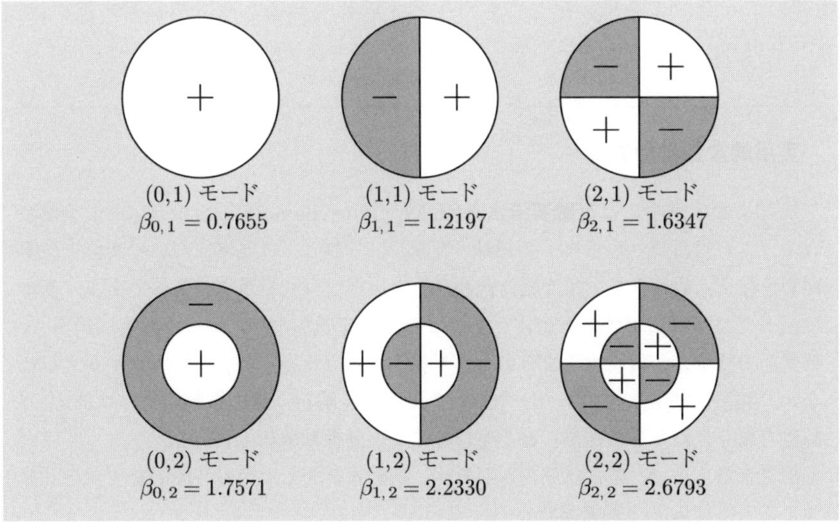

図 8.15 円形膜の振動モード

る．密度が小さいと同時に大きな張力に耐える材料としてジュラルミンやチタン合金が計測用マイクロフォンに用いられる．

矩形板や円板のたわみ振動も膜で考えたような 2 次元振動となり，それらの共振周波数とその振動モードは，膜と同様に波動方程式に境界条件を課すことで求めることができる．しかし，その計算はより煩雑で本書の範囲を超えるので，より上級の固体振動の教科書で学んでほしい．また，たわみ振動では，高周波になると 8.4 節で求めた梁の共振周波数と実際の共振周波数との誤差が大きくなる．板の場合も同様である．計算で無視していた回転慣性やせん断力の影響が出るためである．また，さらに高周波では，板の厚さ方向にも高次の振動分布をもつモードも存在するようになる．このような板のたわみ波の高次モードの他，表面と平行方向に変位をもつ横波も存在するようになる．これらは超音波による金属部材の非破壊検査などにおいて重要になる．また，高周波では，棒の縦波やねじり波でも，棒の断面に振動分布を有する高次モードが存在する．高次モードは，周波数により伝搬速度が異なる分散性を示すことも多い．

3 次元弾性体の振動の実際の計算には，本章のはじめに述べたように既成の数値計算ソフトウエアを用いることになると思うが，本章で述べた固体振動の物理のエッセンスを思い出してもらうと，計算の見通しや計算結果の解釈に役立つと思う．

実用的な数値計算法

実際の数値解析には**有限要素法**（**FEM**, finite element method）がよく使われる．これは計算対象を多くの領域（要素）に分割し，各要素について変位を表す関数を与え，それらを全体で組み合わせた大規模な行列を解く計算法である．本章で述べたリッツ法では対象全体を1つの多項式で表したが，個々の要素に適用し，要素間で変位等が接続するように全体を組み合わせる方法と考えてもよいかもしれない．共振周波数と振動モードを求める**モーダル解析**（**自由振動解析**）に加えて，駆動力を与えたときの振動の様子を計算する**強制振動解析**も可能なソフトウエアが利用できる．また，定常状態のみならず，駆動力を加えた後の時間的な変化を計算することもできる（**過渡解析**）．

一方，計算対象を多くの節点に離散モデル化し，時間差分法によって音や振動が伝搬する様子を逐次計算してゆく**有限差分時間領域法**（**FDTD 法**）も応用が広がっている．波動方程式の空間微分と時間微分を離散化したわかりやすい方法であるが，コンピュータの能力向上により実用的な計算法となっている．

8 章 の 問 題

□ **1**　アルミニウムの細棒が 40 kHz で縦振動の基本モードをもつための長さはいくらか．また，同じ長さの場合，ねじり振動の共振周波数はいくらになるか求めよ．

□ **2**　ステップホーンをねじり振動に用いた場合，ホーンの両端の直径の比と振動角速度の比の関係はどのようになるか示せ．

□ **3**　両端固定の弦の振動において，振動変位を $u_y = bx(L^2 - x^2)$ と仮定して，レーリー法によって2次モードの共振周波数を求め，式 (8.42) の理論解との誤差について考察せよ．

□ **4**　直径 10 mm，厚さ 10 μm のジュラルミン膜に 1000 N/m の張力をかけた円形振動膜の最低次共振周波数を計算せよ．ジュラルミンの密度を 2700 kg/m^3 とせよ．

第9章

超音波の基礎と計測応用

人に聞かせること以外の目的の音の利用が超音波応用であり，人の可聴周波数の上限である 20 kHz 以上の音が主に用いられる．超音波は光や電波が伝わらない液体や人体，金属などの固体中をよく伝わるため，さまざまな計測やセンシング，可視化に活躍している．本章では，超音波とは何かを定義した後，超音波による計測の基礎について説明する．超音波のエネルギー応用と機能性電子部品への応用については第 10 章で述べる．

9.1　超音波とは何か

第 1 章で述べたように，人が聴くことができる周波数の範囲は 20 Hz から 20 kHz と考えるのが普通で，これを**可聴音**という．これに対して，周波数が 20 kHz 以上の音や振動を超音波と定義することが多い．しかし，応用面に注目した，より広い定義では「人に聴かせること以外の目的で出す音や振動」が超音波であるので，特に周波数範囲には言及しないこともある．第 1 章の図 1.5 にまとめたように，例えば，数 100 Hz の低周波は海洋計測に使われており，このような 20 kHz より低い周波数の利用も広い意味で超音波応用のひとつである．

超音波の応用分野は，計測やセンシング，イメージングのために超音波を信号として使う計測応用と，機械加工や洗浄などのために超音波のエネルギーを利用する応用，通信機器のフィルタ素子やセンサ素子などの機能性電子部品への応用の 3 つに分けられる．それぞれの応用分野での例を表 9.1 にまとめた．

計測応用では，どれだけ細かく位置や大きさが測定できるかという**空間分解能**が重要である．空間分解能は，波動の回折によりその波長程度に制限される．光学顕微鏡では光の波長である μm 程度よりも小さいものを見分けられないので，

表 9.1　超音波の応用

	空気中（気体中）	水中（液中・人体）	固体
計測応用 センサー応用	空中ソナー 距離計 風速計（流速計） 超音波カメラ 放電・リーク検出 超指向性スピーカ	魚群探知・ソナー 海洋トモグラフィ 流速計 粘度計 医用画像装置 海中トランシーバ	探傷 板厚計 ボルト軸力計 超音波顕微鏡
エネルギー応用	微粒子の集合・沈降 食品・薬品の乾燥 浮揚・搬送 力覚提示装置	洗浄 固体粒子の分散・乳化 高分子の破断・解重合 細胞膜の破壊 霧化 医用（メス・骨折治療・がん治療・結石破砕）	金属切削・穴あけ 金属塑性加工 脆性材の加工 金属接合 プラスチック接合
機能性電子部品	クロック用水晶振動子　フィルタ素子（BAW 素子・SAW 素子） ジャイロ　圧電トランス　光学変調器　膜厚計		

それよりも微細なものを観察するのに，より波長の短い電子波による電子顕微鏡が用いられるのもこのためである．音の話題に戻って音速を c とすると，波長 λ と周波数 f の間に $c = f\lambda$ の関係があるため，高い分解能を得るには使用周波数を高くする必要がある．しかし，周波数が高くなると媒質中での吸収減衰や散乱が増えるので，むやみに周波数を上げることはできない．そのため，必要な分解能と測定距離から適切な周波数が選ばれている．電磁波の場合，空気中の伝搬速度が 3×10^8 m/s と大きく，マイクロ波やミリ波といった数 GHz〜数 10 GHz の周波数を用いないと，mm オーダの空間分解能は得られない．これに対して，超音波の空気中の伝搬速度は約 340 m/s と電磁波に比べると 10^5 ほど小さいので，数 10 kHz の周波数で同様の空間分解能が得られる．しかし，表 9.2 のように，空中超音波は電磁波に比べて減衰が大きく，長距離測定への応用は難しい．それで，例えば自動車用途では，遠距離はミリ波，近傍のセンシングは超音波と使い分けられている．空気中の超音波の計測応用では数 10〜100 kHz が使われている．超音波は空気を伝搬媒体としているため，空気の流れ（風速）の測定に利用されることもある．また，放電や高圧気体の漏れから発する超音波を受動的に検出することは，設備の有用な保守点検手段となっている．多数の超音波マイクロフォンをアレイ化し，超音波発生源を可視化する装置（**超音波カメラ**）も使われるようになっている．

一方，液体や金属は電磁波が透過しにくいので，そのような媒質中の測定にはもっぱら超音波が用いられる．液体や金属中での超音波の減衰は空気中よりもずっと小さい（表 9.2）．このため，人体（医用画像診断）や海中は超音波計測の重要な応用分野である．流速や流量の測定も工業的な有用性が高い．また，機械部材の非破壊検査は，鉄道の線路や車輪・車軸，発電機の回転軸の傷検出（**超音波探傷**），配管の減肉の測定，溶接不良の検出など幅広い応用がある．これらの測定では，パルス状の超音波を送信して，反射波や透過波の到達時間や特徴から目的の検査を行う．一方，超音波を送信することなく，亀裂などの不具合部分から発生する超音波を観測することでその不具合を検出する**アコースティックエミッション**（**AE**）といわれる検査手法もある．また，固体中の応力状態によって音速などがわずかに変化することを利用して，ボルトの軸力を測定して締め付け具合を検査することも行われている．

表 9.2　超音波の減衰の概略値

空気中	数 $\times 10^{-4} f^2$ dB/m（f は [kHz]） （1 dB/m @40 kHz, 数 dB/m @100 kHz）
海水中	$0.22f + 0.00018f^2$ dB/km （f は [kHz]）
生体中	0.5〜1 f dB/cm（f は [MHz]）

9.2　圧電トランスデューサ

超音波の発生や検出には**圧電効果**が広く用いられる．**水晶**を代表例に，外力を与えるとその両端に電圧が発生する結晶がある．この現象は**ジャック キュリー**（Paul-Jacques Curie）と**ピエール キュリー**（Pierre Curie）の兄弟により1880年に発見された．図9.1のように，圧電性を有した材料の小片の両面に導電性材料を塗布して電極とし，外側から力を加えると，電極間に電圧が発生する．電圧の極性は加える力の向きによって反転する．従って，圧電素子に超音波が加わると，それに応じた交流電圧が発生するので，超音波を受信することができる．これとは逆に，電極間に電圧を印加すると，その電圧の極性に応じて圧電素子が伸縮する．これを**逆圧電効果**と呼んでおり，超音波の発生に利用される．

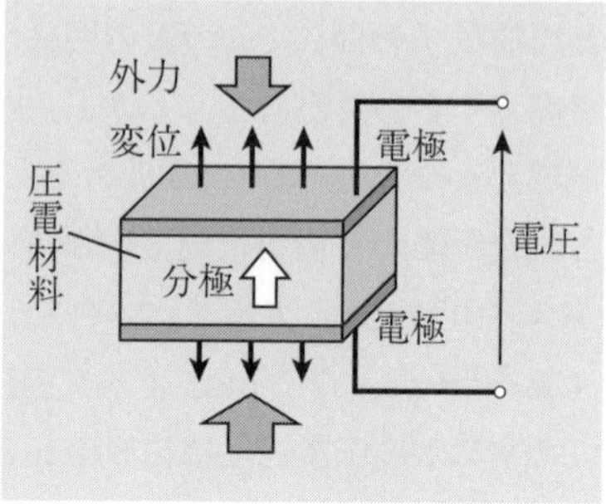

図9.1　圧電現象

圧電効果を示す物質には，水晶や**ニオブ酸リチウム**などの結晶材料に加えて，**チタン酸バリウム**や**チタン酸ジルコン酸鉛**（**PZT**）のような**圧電セラミックス**材料がある．特に，PZTは高い圧電性を示すため，計測応用にもエネルギー応用にも広範囲に使われている．一方，**ポリフッ化ビニリデン**（**PVDF**）やそれに類似した高分子材料にも圧電効果を示すものがあり（**圧電高分子**），センシング用素子などに利用される．圧電材料には**分極**という極性がある．PZT材料や圧電高分子材料では，製造工程の最後に高電圧を印加して分極を与える操作が必要である．

分極方向と電圧を印加する方向の関係によって，素子に生じる変形の種類や向きが変わる．分極方向と電圧の方向が同一な図9.1の場合では，素子が厚さ方向に伸び縮み変形をするので，縦波の発生や受信に使われる．これを**圧電縦効果**と呼ぶ．このとき，素子はポアソン比により横方向にも変位する．これを**圧電横効果**という．圧電素子を超音波振動子として使うときには，その共振を用いて大きな変位や受信感度を得ようとする場合が多い．図9.1の場合には圧電素子の厚さが半波長のときに共振するが，この共振（**厚み共振**ともいう）では圧電縦効果を積極的に利用していることになる．圧電素子の厚さはむやみに大きくしにくいので，数 100 kHz 以上の振動子に応用される．この圧電素子の両側に金属ブロックを接着することで，数 10 kHz 以下で共振するように厚さをかせいだ構造が**ランジュバン振動子**である．1912 年のタイタニック号の遭難の後，海の中の氷山を見つけるためにポール ランジュバン（Paul Langevin）によって開発が始められ，その後，第 1 次世界大戦中に潜水艦探知用として特許を取得している．第 10 章で詳しく述べるが，ランジュバン振動子はボルト締め構造としてパワー超音波用途で広く使われている．図 9.2 に圧電素子の長辺方向の縦振動の半波長共振を用いた**横効果圧電振動子**を示す．図 9.1 と振動子の構造と電圧の印加方法は同じであるが，印加電圧の周波数を長辺方向の共振周波数に合わせることで横効果圧電振動子として動作する．つまり，同じ振動子でも周波数を選ぶと異なった振動を起こすことができる．厚さよりも長辺の長さが大きいので，共振周波数は厚み振動子よりもずっと低くなる．

厚さ方向に分極された圧電素子に同じ大きさの金属板を貼り合わせたのが図 9.3 の**モノモルフ**構造である．金属板には圧電効果が無いので，自らは伸び

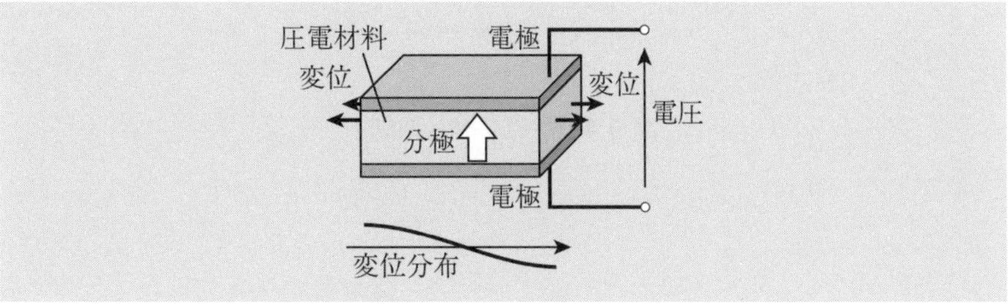

図 9.2　横効果圧電振動子

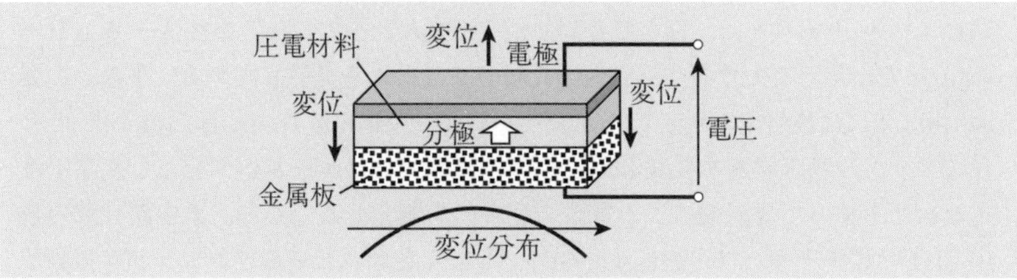

図 9.3　圧電モノモルフによるたわみ振動子

ずに圧電素子の片側の伸びを抑える．これにより全体はたわみ変形をする．**たわみ振動**を起こす場合に用いられる構造であり，圧電ブザーや圧電スピーカなどにも応用されている．金属板の代わりに，印加電圧と分極方向の関係が逆の同じ形状の圧電素子を貼り合わせた構造でもたわみ振動を起こすことができ，**圧電バイモルフ**と呼ばれる．

構成は図 9.1 や図 9.2 と同じでも，図 9.4 のように分極方向を電極と平行にすると，せん断変形が起きる．これを**圧電すべり振動子**という．横波を用いた固体の非破壊検査や高周波の水晶振動子などに用いられている．

以上で述べた以外にも電極を付ける場所によってさまざまな異なった振動子が考えられるが，ここでは省略する．また，これまで矩形の圧電素子について述べてきたが，円板形の振動子もよく用いられる．丸棒状の振動子も考えられる．

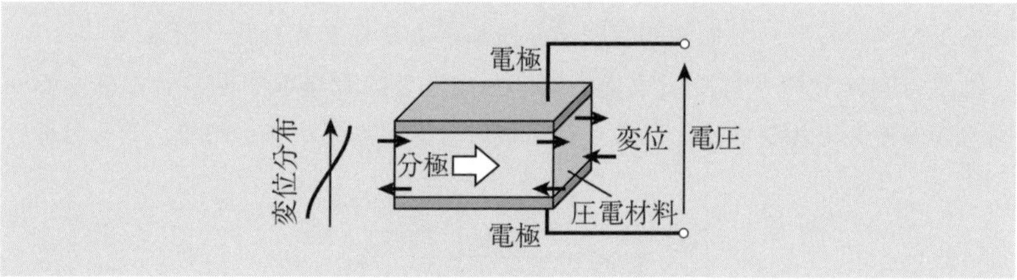

図 9.4　圧電すべり振動子

ピエール キュリーとキュリー夫人

ピエール キュリーは，日本でも「キュリー夫人」として有名な**マリー キュリー**（Marie Curie）の夫であり，二人は共同でラジウムを発見している．また，夫妻は 1903 年には放射能の研究でアンリ ベクレル（Antoine Henri Becquerel）とともにノーベル物理学賞を受賞したが，この研究ではピエールが開発した水晶圧電式センサを使って放射能による電離の度合いを測定した．なお，水中超音波の数 10 kHz の振動子やパワー超音波で今日でも広く使われているランジュバン振動子を発明したポール ランジュバンはピエールの弟子である．

9.3 圧電トランスデューサの電気等価回路

第 4 章では動電型トランスデューサと静電型トランスデューサの電気等価回路と特性について学んだ．本節では圧電トランスデューサの電気等価回路を導き，その特性について述べる．圧電振動子では電圧に比例した力が発生するので，力–電圧対応で考える．例として，図 9.2 の横効果圧電振動子の電気等価回路は図 9.5 のようになる．

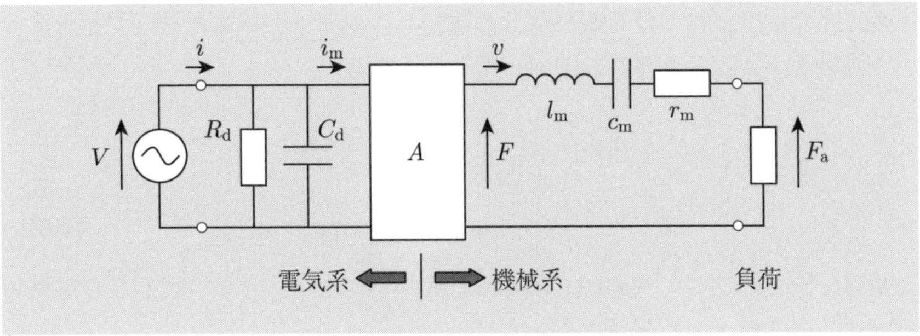

図 9.5 圧電振動子の電気等価回路

圧電材料は誘電体であるので，両面に電極が付いた構造はキャパシタに他ならない．その静電容量と損失がそれぞれ C_{d} と R_{d} である．この C_{d} を**制動容量**と呼ぶ．電圧源 V から流れ込む電流 i のうち C_{d} と R_{d} に流れる分を差し引いた電流 i_{m} と振動子先端の振動速度 v は力係数 A を比例定数として比例する．一方，発生力 F は印加電圧 V に比例する．これらの関係は第 4 章の静電型マイクロフォンの式 (4.14), (4.15) と同様で，

$$F = AV \tag{9.1}$$

$$i_{\mathrm{m}} = Av \tag{9.2}$$

である．i_{m} を**動電流**と呼んでいる．機械系の共振を**等価質量** l_{m}，**等価弾性係数** c_{m} および**機械損失** r_{m} の直列接続で表しており，定電圧駆動であれば機械共振周波数

$$f_0 = \frac{1}{2\pi\sqrt{c_{\mathrm{m}} l_{\mathrm{m}}}} \tag{9.3}$$

で振動速度 v が大きくなることがわかる．ここで，圧電振動子の厚さを h，幅を w，長さを L とすると，圧電振動子の全質量 M は，電極は薄いので無視し，

$$M = \rho h w L \tag{9.4}$$

である．ここに ρ は密度である．長辺を x 軸に取り，素子の中央を原点として，半波長共振として，次のように縦振動の振動速度分布を与える．

$$v(x) = v \sin\left(\pi \frac{x}{L}\right) \tag{9.5}$$

x 軸方向の位置 x における微小部分の運動エネルギーを x 軸に沿って積分すると全運動エネルギーが得られるが，その最大値は

$$\begin{aligned} E_{\mathrm{k}} &= \frac{1}{2}\int_{-\frac{L}{2}}^{\frac{L}{2}} \rho h w v(x)^2\,dx \\ &= \frac{1}{4}\,\rho h w L v^2 = \frac{1}{4}\,M v^2 \end{aligned} \tag{9.6}$$

と計算できる．ここで式 (9.4) の関係を用いている．一方で，図 9.5 の電気等価回路での運動エネルギーの最大値は

$$E_{\mathrm{k}} = \frac{1}{2}\,l_{\mathrm{m}} v^2 \tag{9.7}$$

であり，これが式 (9.6) に等しいので，

$$l_{\mathrm{m}} = \frac{1}{2}\,M \tag{9.8}$$

が得られる．つまり，等価質量は振動子の全質量の半分である．これは単純な形状の振動子に関する関係であるが，同じ手順で他の形状の振動子でも等価質量を求めることができる．等価弾性係数は式 (9.3) と式 (9.8) から求まる．

電圧源から見込んだアドミタンス Y_{m} は，動アドミタンス $\frac{i_{\mathrm{m}}}{V}$ に制動容量のアドミタンス $j\omega C_{\mathrm{d}} + \frac{1}{R_{\mathrm{d}}}$ を並列接続したもので，

$$Y_{\mathrm{m}} = j\omega C_{\mathrm{d}} + \frac{1}{R_{\mathrm{d}}} + \frac{i_{\mathrm{m}}}{V} \tag{9.9}$$

である．式 (9.1) と (9.2) の関係から，この式は

$$Y_{\mathrm{m}} = j\omega C_{\mathrm{d}} + \frac{1}{R_{\mathrm{d}}} + \frac{A^2 v}{F} \tag{9.10}$$

さらに，この式の第 3 項に機械系のインピーダンスを代入すると

$$Y_{\mathrm{m}} = j\omega C_{\mathrm{d}} + \frac{1}{R_{\mathrm{d}}} + \frac{A^2}{r_{\mathrm{m}} + j\left(\omega l_{\mathrm{m}} - \frac{1}{\omega c_{\mathrm{m}}}\right)} \tag{9.11}$$

と与えられる．ここで，無負荷の場合としている．また，

$$\begin{aligned} R_{\mathrm{m}} &= \frac{r_{\mathrm{m}}}{A^2} \\ L_{\mathrm{m}} &= \frac{l_{\mathrm{m}}}{A^2} \\ C_{\mathrm{m}} &= c_{\mathrm{m}} A^2 \end{aligned} \tag{9.12}$$

とおくと，式 (9.11) は

$$Y_{\mathrm{m}} = j\omega C_{\mathrm{d}} + \frac{1}{R_{\mathrm{d}}} + \frac{1}{R_{\mathrm{m}} + j\left(\omega L_{\mathrm{m}} - \frac{1}{\omega C_{\mathrm{m}}}\right)} \tag{9.13}$$

と書くことができる．これより電気等価回路は図 9.6 のように描き直せる．この回路の電圧源から見込んだアドミタンス（式 (9.13)）の周波数特性は図 9.7 のようになる．$\frac{1}{R_{\mathrm{d}}}$ の大きさは ωC_{d} よりもずっと小さいことが多く，また，共振周波数から離れると機械系のアドミタンスは 0 である．このため，共振周波数から離れると，ほぼ C_{d} の性質を反映して，アドミタンスの大きさは右上がりの直線となっている．位相はほぼ 90° である．しかし，機械系の共振周波数に近づくとアドミタンスは大きくなり，位相は 0° に近づく．それよりも高い周波数では誘導性となり，その後，アドミタンスは極小値を取る．これを**反共振周波数**と呼ぶ．これを超えると再び容量性になる．

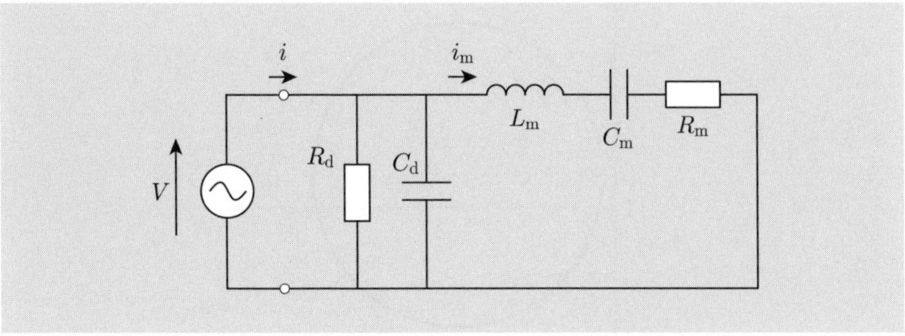

図 9.6　機械系を電気系に移した電気等価回路

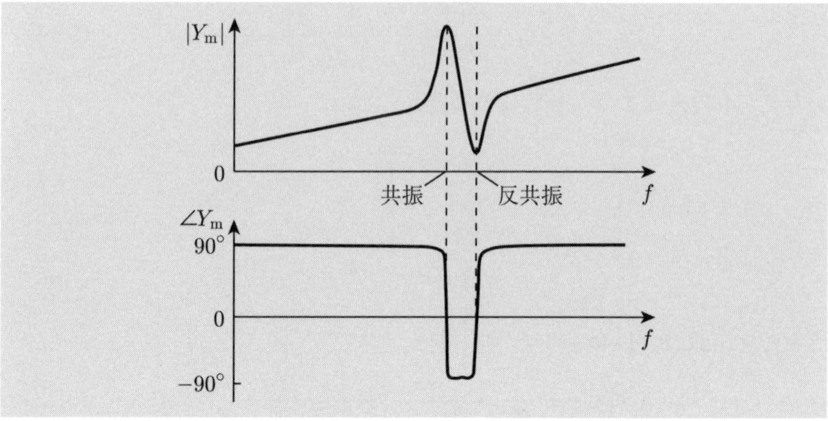

図 9.7　圧電振動子の共振付近のアドミタンス特性

次に共振，反共振付近のアドミタンスの周波数軌跡を複素平面上に描くと図 9.8 のような円が得られる．これを**アドミタンスループ**（**アドミタンス軌跡**）と呼ぶ．実部の最大値が機械共振周波数 f_0 である．なお，f_0 は図 9.7 で極大を示す周波数とほんのわずかにずれている．虚部の最大値，最小値を与える周波数をそれぞれ f_1 と f_2 とすると，第 3 章で見たように共振の Q 値は

$$Q = \frac{f_0}{f_2 - f_1} \tag{9.14}$$

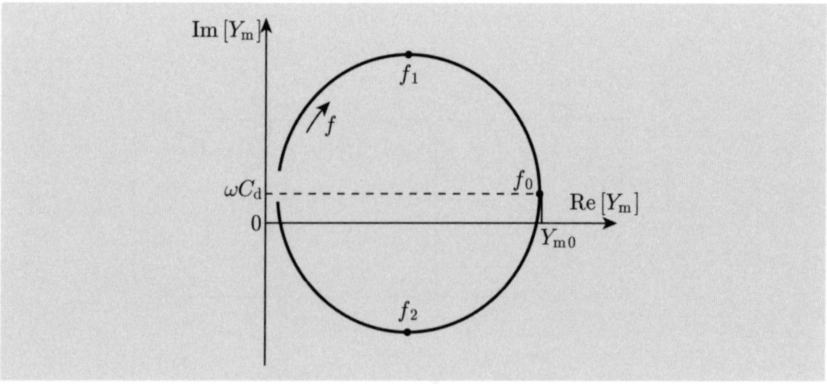

図 9.8　圧電振動子の共振付近のアドミタンスループ

で計算できる．また，機械共振周波数 f_0 における無負荷時のアドミタンスの実部を**自由動アドミタンス**といい，

$$Y_{m0} = \frac{1}{R_m} \tag{9.15}$$

である．第 3 章の式 (3.15) と同様に

$$Q = \frac{2\pi f_0 L_m}{R_m} \tag{9.16}$$

の関係がある．これらから図 9.6 の電気等価回路のインダクタ L_m を計算できる．機械共振周波数の関係

$$f_0 = \frac{1}{2\pi\sqrt{C_m L_m}} \tag{9.17}$$

からキャパシタ C_m も求まる．このように電気的な測定によりアドミタンスループを得ることで，電気等価回路の各定数を定めることができる．圧電材料によって圧電性の度合いは異なるが，それは**圧電定数**として定義されてカタログに示されている．圧電定数には，印加電界に対する発生力を示すもの，加えた歪みに対する発生電荷を示すものなど，複数の定義が存在する．圧電定数を用いた振動子の取扱いは本書では省略するが，全く同じ形状の振動子であれば，力係数は使用した材料の圧電定数に比例する．

9.4 パルスエコー法

ここから，いくつかの超音波計測の例を示す．超音波計測の基本は，図 9.9 に示す**パルスエコー法**であり，気体中，液体中，固体中のいずれの場合にも適用される．短いパルス波を送信して，目標物体や傷からの反射波を受信する．送信と受信を同一のトランスデューサで兼用する場合と別々のトランスデューサを用いる場合がある．どちらの場合も，送信してから反射波を受信するまでの時間と媒質中の伝搬速度から目標物までの距離を算出する．超音波は目標物との間で往復するから，受信までの時間と伝搬速度の積の半分が目標物までの距離になる．当然ながら，伝搬速度（音速）が既知である必要がある．

伝搬時間を正確に求めるためや，近距離の測定のためには，送信波のパルス幅が短い必要がある．そのため，計測用トランスデューサでは，感度に加えて，残響のない単発パルスを送受信できる特性が求められる．図 9.10 に計測用トランスデューサの基本構造を示す．圧電素子と媒質は特性音響インピーダンスが異なるので，それらの境界で超音波の一部が反射する．この反射は，圧電素子の中で多重反射を起こし残響を発生する．また，受信する入射波のエネルギーの一部が圧電素子の前面で反射される．これらをできる限り防ぐために振動子前面に**整合層**を設ける．整合層は光学レンズの反射防止膜に対応するものと考えることができる．第 5 章の例題 5.3 にあるように，整合層の厚さを超音波の波長の $\frac{1}{4}$ とし，特性音響インピーダンスが圧電素子と媒質の特性音響インピーダンスの中間の値をもつ材料を選ぶ．一方，送信する方向とは反対側の面での反射を抑圧す

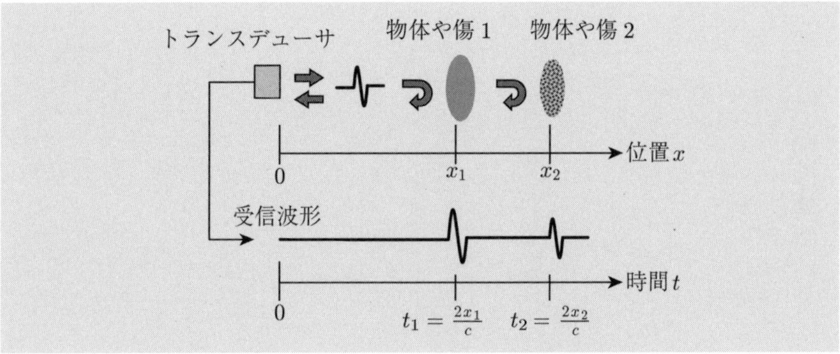

図 9.9 パルスエコー法による超音波計測

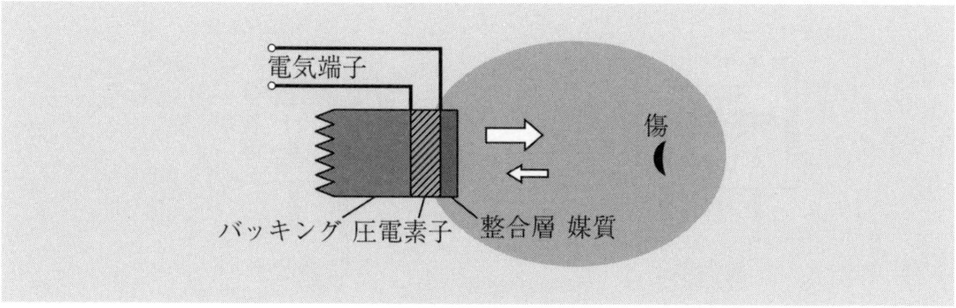

図 9.10 MHz 帯の超音波計測用トランスデューサ

るために，**バッキング**と呼ばれる吸収体を配置する．バッキングには超音波エネルギーを吸収したり散乱したりする材料や複合材料が用いられる．優れた整合層とバッキングを実現することが計測用トランスデューサの性能を決める．整合層やバッキングがあっても圧電素子の厚み共振は完全には無くならないために感度の周波数特性は緩やかなピークをもつ．そこで，用途によってその中心周波数を選ぶ．金属部品の非破壊検査や医用応用では数 MHz～10 MHz が多く使われる．液体中の他の応用でも，MHz 帯を用いた計測にはこの形式のトランスデューサが使われる．100 kHz 以上の空中超音波センサもこの形式に基づいている．

海中のソナーや魚群探知など，比較的低周波で高強度が必要な場合にはランジュバン振動子が用いられることも多い．**ソナー**（**SONAR**）とは sound navigation and ranging の略で，パルスエコー法を適用している．魚群探知では 50 kHz や 200 kHz が魚種などに応じて使われる．魚の浮袋からの反射を主にとらえていると考えられる．なお，超音波を積極的に送信して，反射波を検出するものを特に**アクティブソナー**と呼び，目標物が出す音を受信するのみの**パッシブソナー**と区別する．高感度のパッシブソナーには，コイル状に巻いた光ファイバをセンサとして用いる方式も利用される．これは，音圧による光ファイバコイル内の光路長変化を光学干渉計で読み取るものである．

一方，数 10 kHz の空中超音波では，共振周波数を下げるためと，空気の低い音響インピーダンスに合わせるためにモノモルフ構造のたわみ振動が使われる．開放型では円形のモノモルフ構造に超音波を空中に放射する薄い金属コーンが付けられている．この金属コーンは壊れやすいので，穴あきケースで囲われている．防滴型は金属ケース自体と圧電素子でモノモルフ構造になっており，

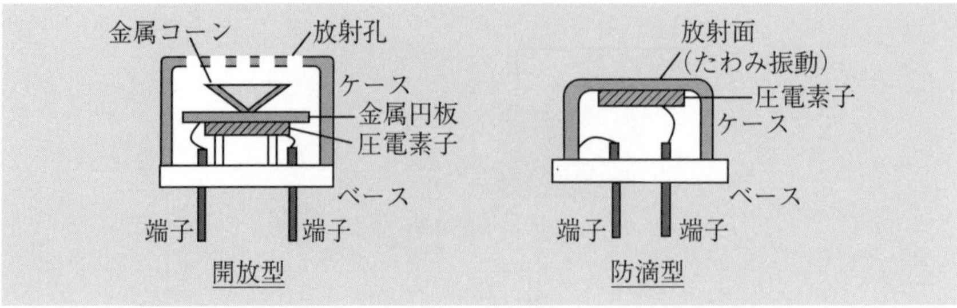

図 9.11　数 10 kHz の空中超音波用トランスデューサ

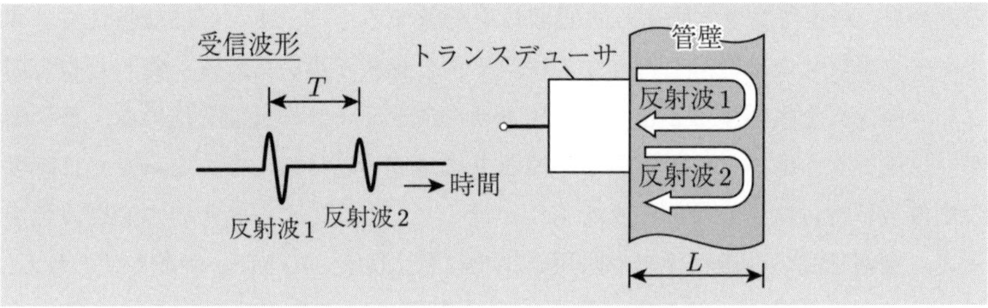

図 9.12　超音波による肉厚測定

ケースの上面がたわみ振動を起こして超音波を放射する．防滴型は開放型よりも感度が劣るが，自動車用バックソナーにはこの構造が使われている．これらの構造では振動の Q 値がそれほど低くなっていないので，短パルスを出すことは難しい．そのため 10 周期程度の立ち上がり時間と立ち下がり時間を有したバースト波の送受信となり，目標物が近すぎると送信波と受信波が重なってしまう．これが測定可能距離の最小値を制限している．

気体・流体の配管の管壁の厚さ測定は工業上重要な応用である．管の肉厚の減少を管の外から検査できる利点がある．図 9.12 のように管の外面にトランスデューサを押し当て，超音波パルスを送信すると，管壁中を伝わった超音波は，管壁の内側で反射されて同じトランスデューサで受信される．この反射波は管壁の外側で反射されて再び管の内側に向かい，そこでさらに反射されてトランスデューサで受信される．このように，送信したパルス波は管壁内で多重反射し，そのたびにトランスデューサで受信される．従って，トランスデューサで検出される受信波形は図 9.12 のように同じ時間間隔 T で並んだパルス列になる．この時間 T は超音波パルスが厚さ L の管壁を往復するのに要する時間であり，管壁内の音速を c として，管壁の厚さは

$$L = \frac{cT}{2} \tag{9.18}$$

と求められる．薄いものの厚さ測定では，パルスエコー法ではなく，トランスデューサの電気インピーダンスか電気アドミタンスの周波数特性を測定する方法が採られることがある．これは管壁の共振がトランスデューサの電気端子から見えることを利用したもので，**共振法**と呼ばれ，連続波による測定である．パルスエコー法の受信信号における多重反射波の減衰の仕方や共振法での共振の先鋭度から材料の吸収係数を求めることも行われる．

以上のような固体中の測定では，トランスデューサと物体を密着させることが重要であり，そのためにトランスデューサと物体の間に水やゼリーを入れる．超音波医用診断装置でも，同じ理由で専用ゼリーが用いられる．空気はトランスデューサや物体・人体と比べて音響インピーダンスがずっと小さいため，間に空気が入ると超音波は大きく反射されてしまう．トランスデューサと物体の間を水やゼリーで満たすことで，音響的不整合を避けているわけである．

縦波トランスデューサではアクセスしにくい場所の検査のために，図 9.13 のようにくさび型ブロックに圧電素子を組み合わせた**くさび型トランスデューサ**によって，管壁や板にたわみ波を励振して離れた場所の傷を探査する方法がある．このためのたわみ波は**ガイド波**と呼ばれているが，第 7 章で述べたように，たわみ波には分散性があるので，縦波による検査よりも受信信号の解釈が複雑である．これ以外にも，斜めに縦波を入射したい場合など，くさび型トランスデューサは非破壊検査ではよく使われる．くさびの縦波音速と励振したい振動の伝搬速度により，くさびの角度を定める．

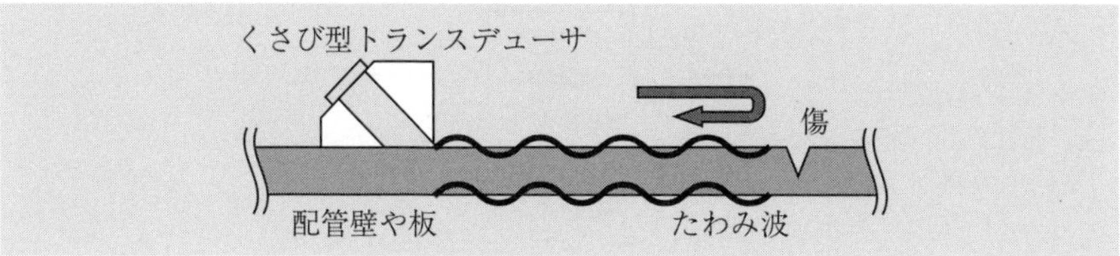

図 9.13　ガイド波による測定

9.5　流 速 測 定

超音波は光や電波と違い媒質を伝わる波動なので，媒質である気体や液体の流れる速度（**流速**）を測定することができる．図 9.14 のように，流れの向きに超音波を送信すると，距離 L 離れたトランスデューサに到達する時間 T_1 は，音速を c，流速を V として次式のように表せる．

$$T_1 = \frac{L}{c+V} \tag{9.19}$$

一方，流れと逆向きに超音波を送信した場合の到達時間 T_2 は

$$T_2 = \frac{L}{c-V} \tag{9.20}$$

である．そこで，式 (9.19) と (9.20) から

$$V = \frac{L}{2}\left(\frac{1}{T_2} - \frac{1}{T_2}\right) \tag{9.21}$$

のように，上りと下りの超音波の伝達時間により媒質の流速を知ることができる．この原理はガスメータの流量測定や**風速計**に応用されている．式 (9.21) では音速 c が明には含まれていない．しかし，実際には，音速と流速の比が時間計測の精度に影響するので，音速と測定が無関係なわけではない．

配管中の流量を測定するには，図 9.15 のように，配管の外側にくさび型トランスデューサを斜めに取り付ける**クランプオン流量計**が用いられている．超音波の伝搬方向と流れの方向のなす角度の余弦に応じた流速が検出される．管内の流速は直径方向に分布を有する場合があるが，この方法によるとその平均流速が測定される．管の内径と測定値から流量に換算する．くさび型トランスデューサは管壁のたわみ振動なども励振するので，それが反対側のトランスデューサで

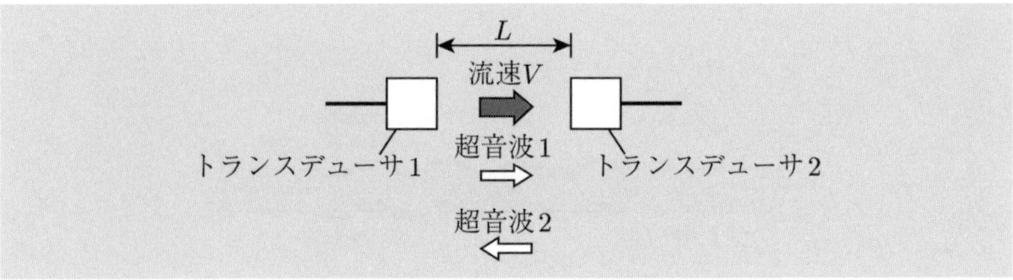

図 9.14　超音波による流速測定

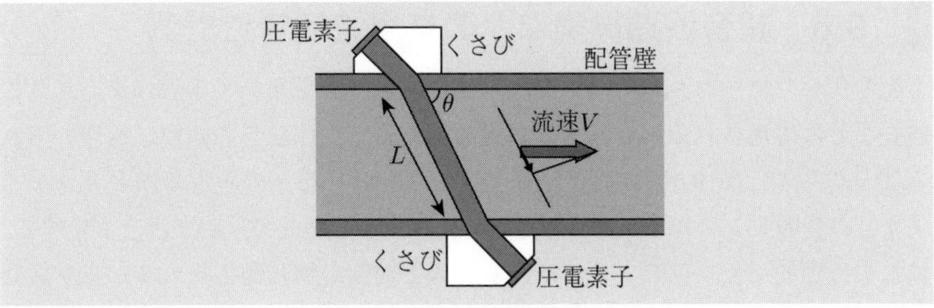

図 9.15 クランプオン流速計による配管内の流量測定

受信されると目的の信号を妨害する．また，くさび内の縦波が管壁を介して流体内の音波に変換される過程は複雑なので，それらを考慮した設計が必要になる．

流れ測定には，図 9.16 のように，流体中に分散する微小物体からの後方散乱波の**ドップラ効果**を利用する場合もある．代表例に，医用診断装置における血流の測定や可視化がある．この場合の散乱物体は主に赤血球である．送信波の周波数を f_{S}，散乱物体の移動速度を v_{R} とすると，ドップラ効果を受けた受信波の周波数 f_{R} は，トランスデューサに近づいてくる速度を正として

$$f_{\mathrm{R}} = \frac{c + v_{\mathrm{R}}}{c - v_{\mathrm{R}}} f_{\mathrm{S}} \tag{9.22}$$

である．一般に，散乱物体の移動速度は音速よりもずっと小さいので，ドップラ効果による周波数のずれ（**ドップラシフト**）は近似的に

$$\Delta f \approx 2 \frac{v_{\mathrm{R}}}{c} f_{\mathrm{S}} \tag{9.23}$$

と与えられる．直径数 10 mm の大血管の流速は 0.4 m/s 程度であり，7.5 MHz の超音波を用いた場合のドップラシフトは 4 kHz 程度である．一方，毛細血管の血流は 0.3 mm/s 程度であり，ドップラシフトは 3 Hz と小さな値となる．

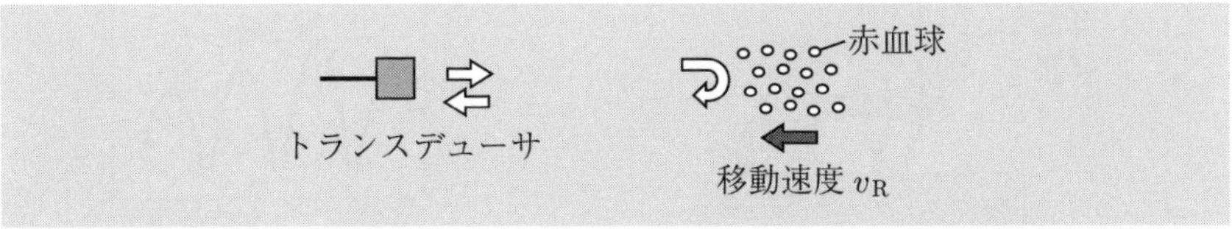

図 9.16 ドップラ効果による血流測定

9.6　超音波顕微鏡などの高周波超音波計測

光の代わりに 100 MHz〜数 GHz の高周波超音波を用いて半導体デバイスの検査などに応用されるのが**超音波顕微鏡**である．生体試料の観察にも用いられることがある．図 9.17 のように酸化亜鉛（ZnO）などの圧電薄膜とサファイアなどの音響レンズによって，被測定物に焦点を合わせて反射強度を測定する．純水を音響的なカップラとして音響レンズと被測定物の間に入れる．光学顕微鏡とは異なる機械的性質に関わる情報が得られる．例えば，樹脂モールドされた電子部品の内部を観測して，反射波の位相反転から剥離の検出などができる．単点の測定なので，位置を走査して 2 次元像を得る．透過型の構成もある．

固体表面より少し内部に焦点を結ぶように垂直位置を設定すると，図 9.18 のように弾性表面波として試料表面を伝わってから再放射されて戻って来る経路 1 と表面で直接反射する経路 2 などの信号が干渉する．そのため，垂直位置 z に対する出力電圧 V を描くと（$\boldsymbol{V}$**–**$\boldsymbol{z}$ **曲線**），一定の周期 z_{p} で波を打った波形と

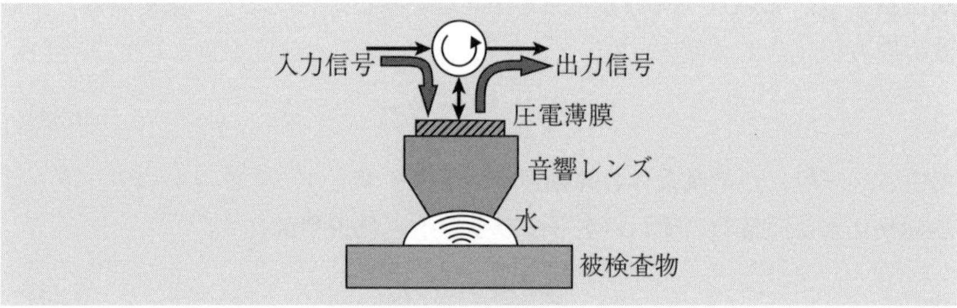

図 9.17　超音波顕微鏡

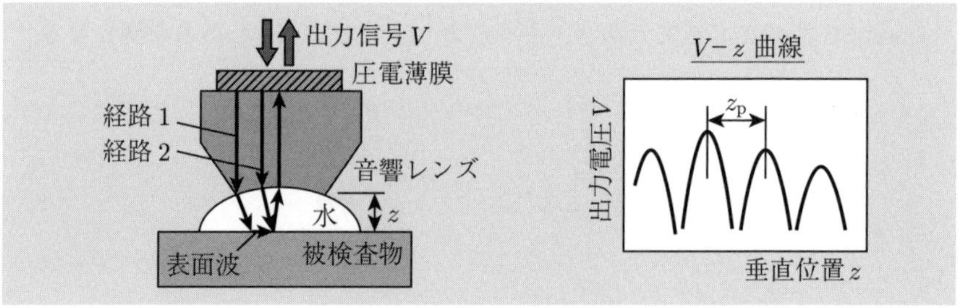

図 9.18　V–z 曲線

なる．この周期から弾性表面波速度がわかり，弾性定数を定量的に求めることができる．特に，音響レンズを点集束型ではなく線集束型とすることで，弾性表面波の伝搬方向を選べる．このことは結晶などの異方性材料の方向毎の材料定数を求められることを意味しており，物性評価用途での意義がある．

試料に短いパルス光を照射すると，そのエネルギーを吸収して熱膨張を起こす．これは超音波パルスに他ならず，**光音響効果**と呼ばれている．これを圧電トランスデューサや光学干渉計によって検出するのが**光音響顕微鏡**である．極短のパルス光を用いることで数 100 MHz から GHz 以上，場合によると THz オーダの極めて高い周波数の超音波による観測が行えるので，物性研究などに用いられている．一方，発電機の回転軸を運転中に非接触で検査することや，鉄道トンネルの内壁の検査など，工業用途の非破壊検査手法としても利用される原理である．このような手法は**レーザ超音波**と呼ばれることもある．

また，図 9.19 のように気体試料を閉じ込めた容器に強度変調したレーザ光を通すことで，気体の分光を行う技術が**光音響分光法**である．レーザ光の波長を走査するか，複数の光波長による音響信号強度を比べることで分光情報が得られ，気体の種類や濃度，混合比などを求める．試料の光吸収により発生する光音響信号を容器の音響共鳴を利用して高感度に検出している．液体への応用も可能である．

また，光の伝搬に伴って励起される音響波によって周波数が数 GHz ずれた光が散乱される**ブリルアン散乱**を利用した材料評価法がある．このセンサ応用などは第 10 章でもう少し詳しく説明する．

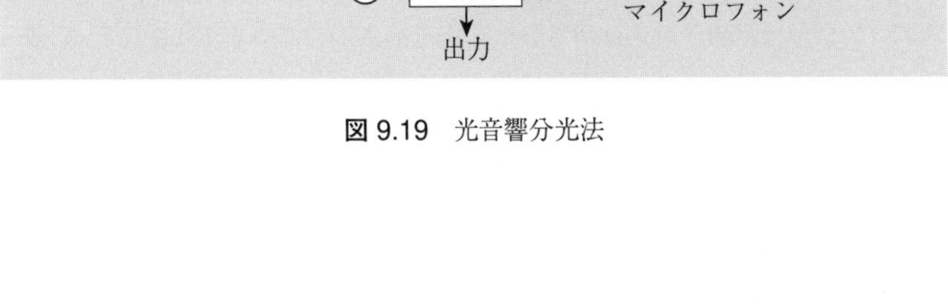

図 9.19　光音響分光法

9.7　超音波医用画像装置

超音波による画像診断はパルスエコー法に基づいており，図 9.9 の中で示した式による時間（**time-of-flight**）から奥行き方向の距離が求められ，断層像が得られるのが特徴である．X 線 CT や MRI におけるトモグラフィのための全方向からの測定を行う必要がないためリアルタイム性が高く，装置が小規模で済む．

2 次元断層像を高速に得るために，64〜256 個の圧電トランスデューサを図 9.20 のように一列に並べたアレイトランスデューサが用いられる．このトランスデューサも図 9.10 で示したように整合層とバッキングから成る．音響レンズは配列方向と垂直方向にビームを絞る．診断用トランスデューサは**探触子**（**プローブ**）とも呼ばれ，測定部位に応じて形状や周波数が選ばれる．探触子は，音響整合のためのジェルを介して体表面にあてる．

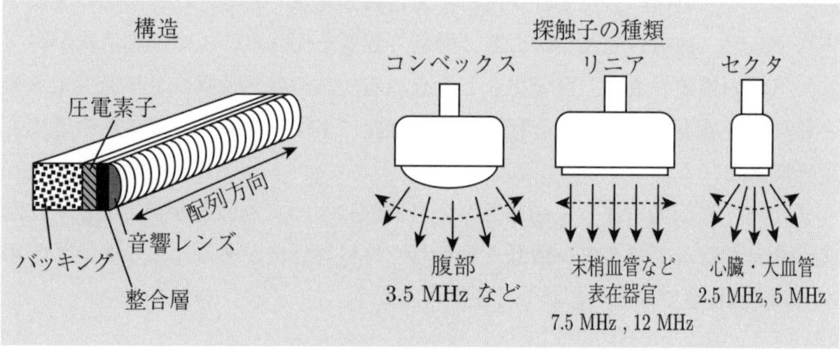

図 9.20　超音波診断用アレイ探触子

多数の素子のうち隣り合った一群を用いてビームを形成し 1 ラインのパルスエコー信号を得て，その一群を 1 素子ずつずらしてゆくことで横方向に走査して 2 次元画像とするのが**リニア走査**方式である（図 9.21 左）．1 ラインのパルスエコー信号は距離に対する信号強度を定量的に示しているが，これを **A モード**と呼ぶ．これに対して，走査して得られた多数の A モード信号を並べて輝度で強度を表示した 2 次元画像が **B モード**である．直線状に素子を並べたリニア型は比較的体表に近い部位に用いられる．凸の円弧状に素子を並べたコンベッ

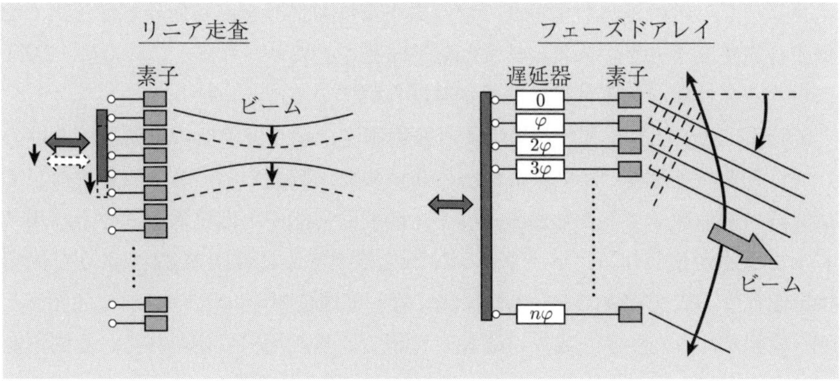

図 9.21　リニア走査とフェーズドアレイ

クス型の探触子は腹部用に使われる．一方，アレイ探触子の各素子の送受信信号に位相差を与えることでビームの方向を変えて走査する**フェーズドアレイ方式**も用いられる．アレイの性質については第 6 章で学んだとおりだが，各素子に位相差を与えると波面の方向を変えられることは容易に理解できる（図 9.21 右）．これは，扇状にビームを走査する**セクタ走査**に応用される．肋骨の間から心臓を観察する場合などに小径のセクタ探触子が用いられる．通常の医用超音波画像装置では 3〜10 数 MHz が主に用いられるが，超音波内視鏡では 20〜40 MHz が用いられる．体内の音速をおよそ 1500 m/s とすれば，その波長は 5 MHz で 0.3 mm であり，理論上はサブミリメートル程度が深さ方向の空間分解能の限界と考えられるが，生体の不均一性などさまざまな理由で実際の空間分解能は悪化する．横方向の空間分解能はビーム幅に依存するが，深さ方向に焦点位置を動的に移動させてどこでも必要な分解能が得られるような処理も行われる．また，表 9.2 のように，体内の伝搬減衰は数 MHz において数 dB/cm であり，距離に応じた減衰量を考慮した信号処理を施す．今日では，送信信号の生成も受信信号の処理もディジタル信号処理によって行われるので，走査方法や信号処理のさまざまなアイディアが実現されている．アナログ方式に比べてフェーズドアレイ方式における遅延時間を精密に与えられるので，画像の明瞭度が向上した．なお，テレビと同様の毎秒 30 枚程度で B モード像が描出されるが，毎秒 1000 枚の高速描画も可能になってきている．生体組織の間の音響インピーダンスの差はわずかなので，微小な反射信号を高い信号対雑音比で受信する高感度なトランスデューサと電子回路が必要とされる．このため，PZT にかわる高性能な圧電材料の開発が続けられている．

9.5 節で述べたドップラ効果による血流測定は超音波診断の重要な機能性の 1 つである．連続波では位置がわからないので，数波のバースト波を送信して反射波の周波数シフトから血流速度を，時間から深さ方向位置を求める**パルスドップラ法**が使われる．ドップラシフトを検出するには図 9.22 のような位相検出を行う．直交検波によって送信波に対して同位相のコサイン成分（I 相）と 90° 位相がずれたサイン成分（Q 相）を得る．無線通信で使われている位相変調の復調回路と同様の構成である．送信超音波の周波数を f_{S} とし，ドップラシフトを Δf とすると，図 9.22 の発振器の信号は

$$V_{\mathrm{OSC}} = A\cos(2\pi f_{\mathrm{S}} t) \tag{9.24}$$

であり，θ を超音波伝搬による位相差として，受信信号は

$$V_{\mathrm{R}} = B\cos\left\{2\pi(f_{\mathrm{S}} + \Delta f)t + \theta\right\} \tag{9.25}$$

と書ける．ミキサーでこれらの信号が掛け算され，ローパスフィルタで高周波成分が除かれると，

$$\text{I 相出力} \qquad \propto AB\cos(2\pi\Delta f t + \theta) \tag{9.26}$$

$$\text{Q 相出力} \qquad \propto AB\sin(2\pi\Delta f t + \theta) \tag{9.27}$$

が得られる．このようにドップラシフト周波数で振動する 2 相信号が得られる．

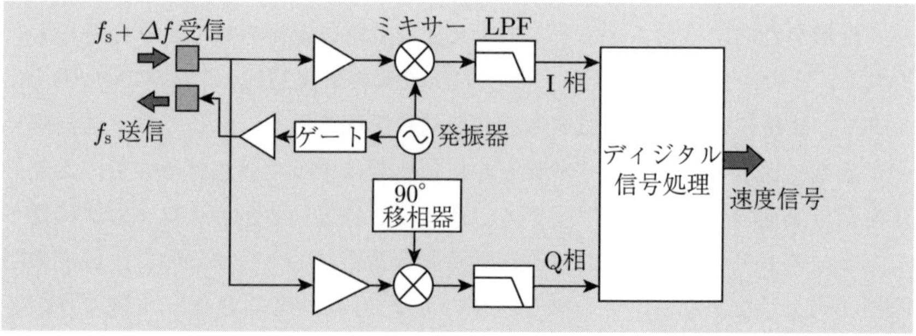

図 9.22　ドップラ効果による血流測定のための回路

I 相出力と Q 相出力はドップラシフトの符号によって位相差が 90° または -90° となるので，流れの方向が判別できる．この方法では，バースト波の送信頻度でこの信号をサンプリングしていることになるので，測定可能なドップラシフト量（流速）はサンプリング定理の制限を受ける．すなわち，大きな流速の測定にはバースト波の送信頻度を上げる必要がある．しかし，送信頻度を上げると送信波と反射波が重なるようになるので，深い位置の測定が行いにくくなる．パルスドップラ法では，測定位置を指定してその部分の流速の時間変化を測定するが，奥行き方向，横方向ともに位置を変えながら血流速度の 2 次元分布を測定して，B モード像に重ねて動画表示するのが**カラードップラ法**である．多くの場合，トランスデューサに近づく流れを赤，離れる流れを青で表示する．赤血球の直径は 0.01 mm 程度と，超音波の波長の $\frac{1}{10}$ 以下であり，後方散乱波の強度は小さいので，より高感度な検出が必要である．また，赤血球より強い反射を生じる臓器や境界の動きの影響を排除する必要がある．このため，**MTI**（moving target indicator）**フィルタ**によって血流成分を抽出する．また，ドップラ信号の周波数ではなく振幅を表示するのが**パワードップラ法**である．流速の小さい血管も描画できるので，血管の伸展具合の観察などに利用される．受信信号を A-D 変換した後，ディジタル計算によって既述のようなさまざまな信号処理を行うので，1 つの装置で切り替えて多様な測定モードの表示ができる．

9.6 節で光音響効果に基づくいくつかの計測応用について述べたが，医用診断でもこの効果を応用する開発が進められている．特に，血中のヘモグロビンの吸収波長付近の波長のパルス光を体表から照射し，光音響信号を超音波画像診断装置で受信して B モード像に重ねて表示する装置が試作されている．通常の超音波 B モードほど深部の測定はできないが，空間分解が高く，毛細血管の描出などが可能である．**光超音波**と呼ばれ，がんの診断などへの応用が期待されている．

9.8 その他の超音波計測技術

非破壊検査においてもフェーズドアレイ方式による画像化が行われるようになってきている．また，走査方向を2次元にして3次元画像を得ることは医用超音波でも行われているが，港湾管理のような水中の比較的近距離用途で3次元映像装置が開発されており，水中**音響カメラ**と呼ばれている．光学カメラが使えない濁った水中で威力を発揮する．空中の機械騒音をマイクロフォンアレイで映像化する装置が騒音制御分野で製品化されているが，機械などが発生する音を可視化する音響カメラは可聴音でも超音波領域でも実用化されている．水中音響カメラが超音波診断装置と同様に音波を目標に送信して反射波を受信するアクティブ方式であるのに対し，空中の音響カメラは目標が発生する音をとらえるパッシブ方式のものがほとんどである．

本章では主に圧電素子を用いた技術を紹介してきたが，金属の非破壊検査用途で，コイルに流した電流による電磁力を用いたトランスデューサが用いられることがある．被測定物が鉄などの磁性体であれば，第4章の例題4.1にあるマグネチック型の原理で送受信ができる．また，被測定物が磁界によって歪みが生じる**磁歪効果**をもてば，それによっても超音波が励振できる．一方，アルミニウムなどの非磁性金属では，導電性を有していれば，コイルの交流磁界により被測定物に渦電流が生じるので，その反発力で超音波の励振が可能である．以上のようなコイルを用いる電磁方式の非破壊検査用トランスデューサは**EMAT**（electro-magnetic acoustic transducer）と呼ばれている．非接触で検査ができること，コイルの巻き方の工夫により縦波，横波などさまざまな種類の超音波振動を利用できるなどの利点がある．

また，地中の探査では数100 Hzの低周波振動が使われるが，**ジオホン**と呼ばれる電磁型のトランスデューサが用いられている．これは地面に差し込んで使うようになっている．なお，石油探査では，より大規模な音波センシングが行われている．

9 章の問題

□ **1**　コウモリやイルカなどは超音波を利用している．動物の可聴範囲を調べてみよう．

□ **2**　圧電超音波トランスデューサで受信する場合について，図 9.5 の等価回路を応用して考察せよ．検出回路の入力インピーダンスが高い場合を想定せよ．

□ **3**　超音波顕微鏡で光学顕微鏡と同等の空間分解能を得るには，周波数をどれくらいにすればよいか考察せよ．

□ **4**　水中は電波や光が届かないから，海底探査船から母船への画像伝送に超音波が用いられることがある．超音波を用いて画像を伝送する際の制限事項は何か考えよ．

第10章

超音波のエネルギー応用と機能性電子部品への応用

第 9 章では超音波の基礎と計測応用について学んだ．一方，超音波のエネルギーは，機械加工，接合，洗浄，液体の霧化，固体・液体混合物の処理，化学反応など，生産現場で広く使われている．本章では，これらに使われる超音波振動系について学ぶ．また，超音波振動を使ったセンサ素子やフィルタ素子がスマートフォンなどに搭載されている．そのような特別な機能をもった電子部品の動作原理を説明する．

10.1　エネルギー応用に用いられる超音波振動子

超音波のエネルギーに着目した応用を**強力超音波**または**パワー超音波**と呼ぶ．その応用範囲は多岐にわたるが，第 9 章の表 9.1 にその代表例を示している．この応用では 20 kHz〜数 MHz の周波数が使われる．大きなパワーを効率よく発生させるために，計測用とは逆に，振動子の共振を積極的に利用した圧電振動子が用いられる．その代表例が，第 9 章でも触れたランジュバン振動子である．大出力の動作に耐えられるように 2 つの金属ブロックで PZT 素子をはさみ，ボルトで締めた**ボルト締めランジュバン振動子**（**BLT**, bolt-clamped Lagevin transducer）が 20 kHz 前後から 200 kHz くらいまでの応用で広く使われている．図 10.1 のように，真ん中に穴があいた円環状の PZT 素子にボルトを貫通させて金属ブロックで締めることで強度を上げている．PZT 素子はセラミックス材料であり，引張歪みには弱いが圧縮には耐えられる性質をもっている．そこで，ボルト締め構造により予め PZT 素子に圧縮力を加えておくことで大きな振動応力にも耐えられるようにしている．また，後述するホーンなどの他の振動系や作用先にボルトで接続することができる．PZT 素子は 2 枚か 4 枚用いるが，ボルトにより 2 つの金属ブロックは電気的にも接続されているので，隣り

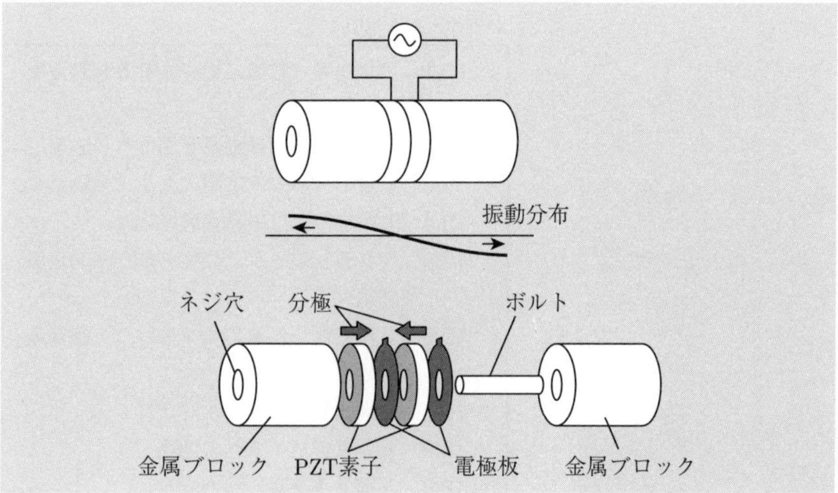

図 10.1　ボルト締めランジュバン振動子（BLT）

合ったPZT素子には逆方向の電界が印加される．そのため，隣り合ったPZT素子の分極方向が逆になるように重ねている．ほとんどのBLTは厚み方向に分極したPZT素子を用いた縦振動用であるが，図10.2のような分極の仕方のPZT素子を用いると，ねじり振動やたわみ振動のためのBLTも実現できる．

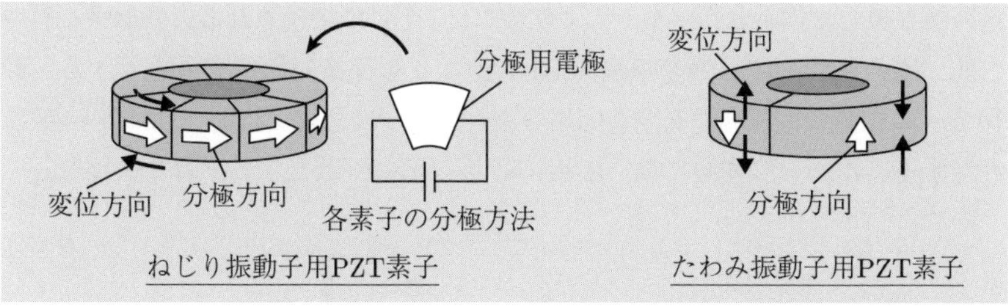

図10.2　ねじり振動用BLTとたわみ振動用BLTのためのPZT素子

周波数が200 kHzを超えると共振長が短く，ボルト締め構造を取りにくくなるので，PZT素子そのものの厚み共振を利用する．電極面がそのまま液体等に接触する応用であると耐久性が不十分であるので，薄いステンレス箔か厚さが半波長のステンレス板にPZT素子を接着した構造とする．後者では強度の弱い接着面は振動速度が最大であるが振動応力は最小なので，破壊されにくくなる．この構造の振動子は霧化器や高周波洗浄器などに応用される．霧化器では1.6 MHzや2.4 MHzが，高周波洗浄器では1 MHz程度が使われる．

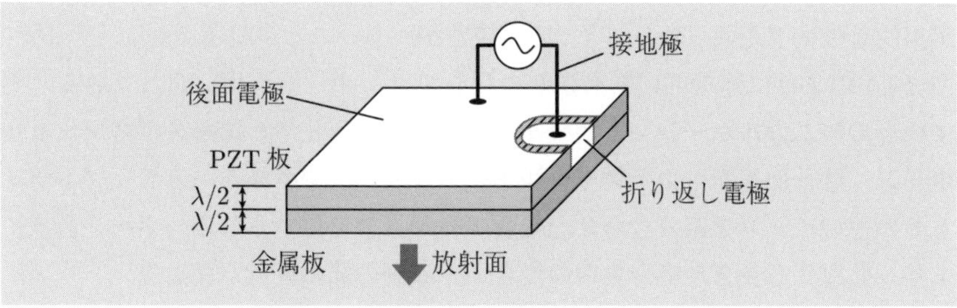

図10.3　数100 kHz～数MHzのパワー応用振動子

10.2　パワー超音波振動系と固体への応用

機械加工などに利用する 20〜数 10 kHz の振動系では，図 10.4 のように，必要な振動振幅を得るために**ホーン**と呼ばれる振動振幅変換器を BLT と作業対象の間に接続する．ホーンはアルミニウム合金や鉄，ステンレス鋼，チタン材料の削り出しで作られ，ボルトにより強固に BLT に接続される．断面積を長さ方向に変えることで，振動振幅を BLT 側よりも作業対象側で大きくする．数 10 μm の振動変位振幅が必要な応用もあり，その場合には振動速度は数 m/s にも達する．ホーンの先端には，応用に応じて刃物や砥石などを取り付ける．

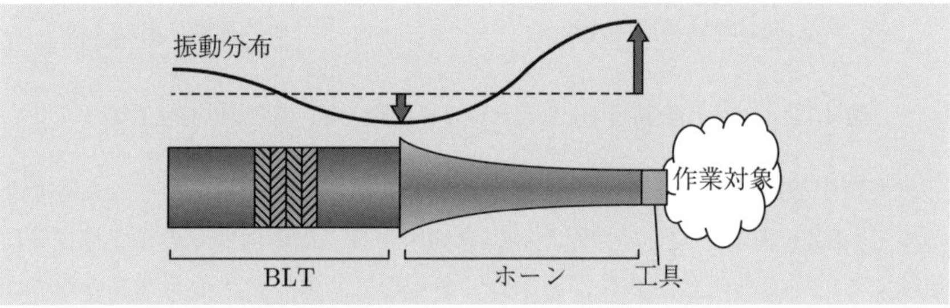

図 10.4　パワー超音波の振動系

ホーンは，振動振幅の拡大に加えて，負荷（作業対象）の機械インピーダンスを BLT が効率よく動作するインピーダンスに変換する役割ももつ．第 8 章例題 8.1 で取り上げたステップホーンは製作が容易で使われることも多いが，実用的な拡大率が限られること，応力集中が大きいことが問題である．そこで，図 10.4 のように連続的に断面積が変化してゆくホーンも用いられている．円すい形の**コニカルホーン**や断面積が指数関数的に変化する**エキスポネンシャルホーン**，懸垂曲線状の**カテノイダルホーン**などが利用される．ステップホーンとその他のホーンを組み合わせた**複合ホーン**もよく用いられる．ホーン形状により，共振する長さや応力集中の度合い，振動の節の位置が異なる．

このような振動系は機械加工に応用される．切削，穴あけ，カシメなど，用途に合った工具をホーン先端につけるか，ホーン先端に工具の機能をもたせる加工を施す．第 8 章例題 8.2 は工具付きホーンを模した計算問題であった．ガラスやセラミックスなど，もろい材料の穴あけ，細穴のドリル加工などの応用がある．これらの超音波振動を援用した機械加工は**超音波加工**といわれる．通常の刃物の切込みに加えて超音波の周波数で刃物が前後動するので，実効的な切込み速度が大きくなることや，加工粉や切り子の排出が円滑になることが加工速度や仕上がりの向上に寄与していると考えられている．食品分野では，パンやケーキの切断用に超音波振動を加えたカッターが利用されている．柔らかい食品を押しつぶすことなく切断できるためである．医用応用では，歯垢を取る超音波スケーラや白内障手術の超音波メスなどがすでに長く使われている．これらでもボルト締めランジュバン振動子にホーンを組み合わせた振動系が使われる．また，金属部品の押しこみ，カシメ，曲げのような塑性加工でも同様の振動系が用いられる．金属の曲げ加工に超音波振動を重畳すると，曲げた後に角度が少し元に戻るスプリングバック現象を抑えて正確な曲げができる．

一方，半導体チップ上のパッドと金属細線の接続，フリップチップの接合などにも超音波振動が用いられる（**超音波ボンダー**）．スーパーマーケットで揚げ物などを包装する透明なプラスチック容器を閉じるのには小型のホーン付きBLTが用いられている．これは**超音波ホチキス**として普及している．また，振動子やホーンの先端よりも広い面で均一な振動振幅が欲しい場合がある．大型プラスチック部品の接合やプラスチックフィルムの押し出しなどである．そのためには，図10.5のような幅広の振動工具を用いる．振動工具もホーンの一種ということができるが，3次元の共振体である．超音波振動の波長やそれ以上

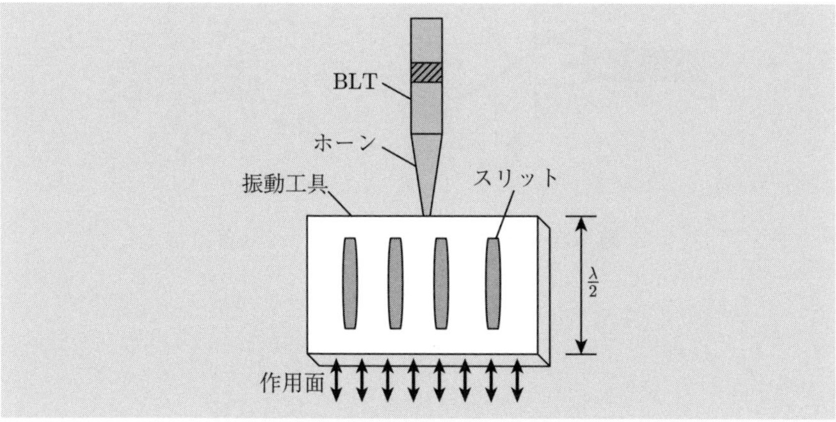

図 10.5　広い作用面を実現する振動工具

の広い面で均一な振動変位をもつ振動体の設計は難しく，数値シミュレーションを繰り返して最適形状を見いだす必要がある．図中のスリットもそのための構造のひとつである．プラスチック部材を重ねて，その上から振動工具を押し当てて振動を印加することで接合を行う．接合部で発生する摩擦熱による融着である場合もあるが，融点まで達していないのに接合されることもあり，プラスチック材料の分子鎖同士が絡まり合って接合されるともいわれている．

装置の構成上，振動の方向を変えたい場合がある．また，1本の振動子ではパワーが足りないときに複数の振動子の出力を合成する必要がある．このような場合のために，**振動方向変換体**や**パワー合成器**を用いる．図10.6に例を示す．いずれも固体のポアソン比を用いた振動を利用している．十字型では，2方向の共振を用いて振動方向を90° 変換している．反対側にもう1本の振動子を接続すれば，2本の振動子の出力パワーを合成することもできる．紙面に垂直な方向にも腕を出せば，そこも利用できる．一方，図10.6の右は厚い円板の径方向振動を用いて，ポアソン比により生じる中心部の垂直方向振動を出力としている．円周上に取り付けた多数の振動子の出力を合成することができる．このような方法で数kW以上の超音波エネルギーを得ることができ，金属部材の絞り出しなどに用いられる．

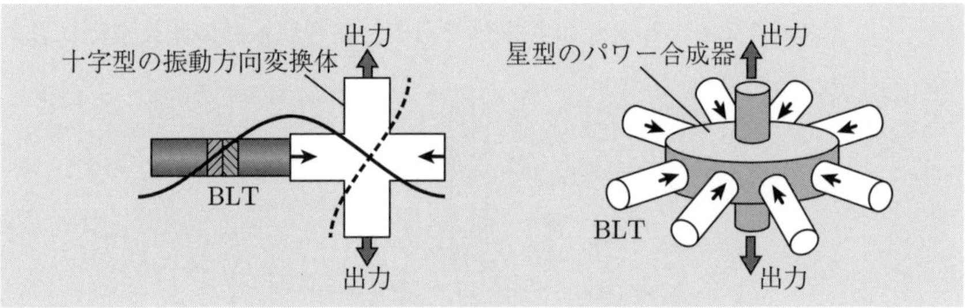

図10.6　振動方向変換体とパワー合成器

10.3 空中でのパワー応用のための振動系

空中に十分な強度の超音波を放射するために，面積の大きな振動板をホーンの出力端に接続したものが使われる．図 10.7 のように，振動板は正負に変位するたわみ振動を起こすので，正面方向に放射される超音波は正負で打ち消されてしまう．斜め方向には強め合い，強度の大きな放射が得られる．これでは応用上困ることがあるので，半波長の段差のある反射板を用いて位相差を打ち消すことが行われる．一方，図 10.8 のように，振動板自体に空気中の半波長に等しい段差を設け，この距離差によって放射される超音波の正負を補償することが考案されている．また，強力な超音波を目標に集中させるために，パラボラ反射器を併用する場合もある．空中での超音波の音圧は，騒音などの可聴音の測定方法に合わせて dB で表示することがある．空中のパワー超音波応用では 140〜180 dB の音圧を発生させる．空気の振動による食品や薬品の乾燥促進の他，空中に浮遊する微粒子同士の衝突を増やして，それを沈降させるなどの利用法がある．

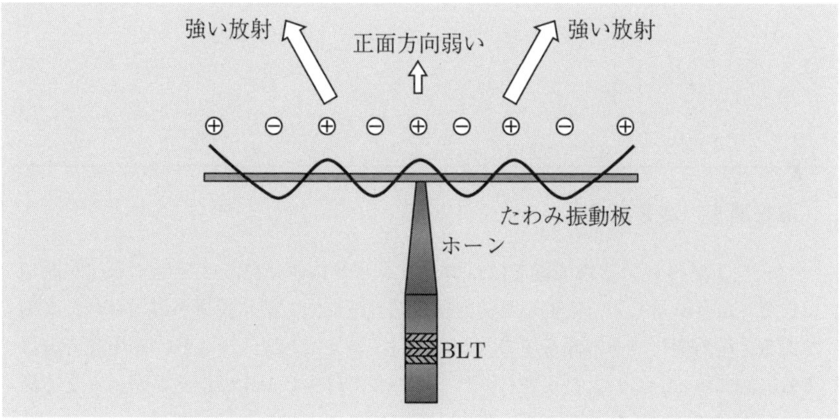

図 10.7　たわみ振動板による空中への放射

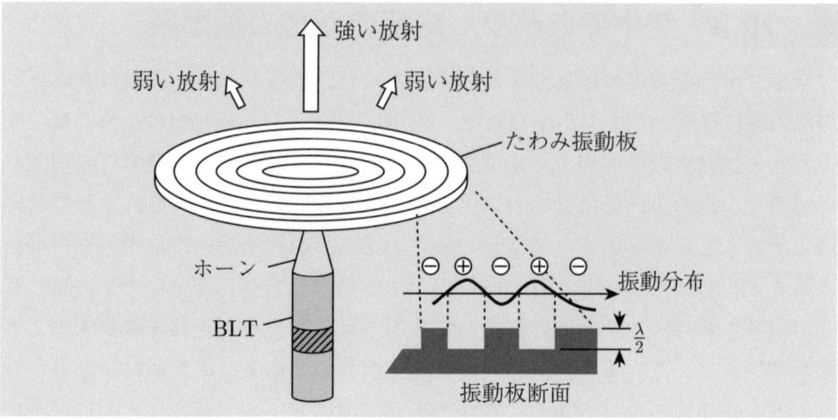

図 10.8　段付きたわみ振動板による正面方向への放射

泡を消す，泡を出す

コーラ工場のビン詰め工程では，コーラをビンに注いだ際に発生する泡が問題になる．これに対して，集束した強力空中超音波で泡を消す装置が導入された事例がある．圧力変化である高音圧で泡がはじけて消えてしまう．これが空中超音波による消泡である．これとは反対に，ビアホールでは生ビールの泡をいかにうまく出すかが重要で，注ぎ方の腕の見せ所だ．腕が無くとも注ぎ口付近でビールに超音波を導入すると細かい泡を発生することができる．超音波による液中の圧力変化で溶存していた二酸化炭素が出てくることを利用している．これは液中超音波による発泡である．小型の圧電素子による電池駆動の装置が，缶ビールの景品などで出回っている．このように，超音波は使い方によって，現象を抑制することにも助長することにも作用する．

10.4　液中でのパワー超音波応用

超音波洗浄は液中のパワー応用の代表例である．街のメガネ店から病院，精密機械工場，半導体分野まで広く使われている．液中に超音波を起こすと，大気圧（100 kPa）を中心に超音波周波数で圧力が変動する．超音波洗浄ではその振幅が大きく，瞬時音圧が負の瞬間には圧力が 0 に迫る．このとき，液体に溶けていた気体がにじみ出し，圧力の周期変化によって小さな泡が成長するが，瞬時音圧のある瞬間に壊れる．その際に大きな圧力が瞬間的に発生すると考えられている．この泡（空洞）ができる現象を**キャビテーション**と呼ぶ．超音波洗浄器が出す「シャー」という音は多数の空洞が壊れる音と考えられる．空洞が壊れる瞬間の大きな力が汚れを落とす．キャビテーションにはアルミホイルに小さな穴をたくさんあけるほどの破壊力があるので，超音波強度を適切に調節して洗浄を行う必要がある．なお，溶存気体の無いときに空洞ができるものを真性キャビテーションという．通常の超音波洗浄には数 10 kHz が主に使われる．次に，超音波音場中の液体の粒子速度を考えてみよう．音圧の片振幅が 100 kPa であるとすると，水の特性音響インピーダンスから粒子速度の最大値は 67 mm/s と計算され，それほど大きな値ではない．しかし，粒子速度に角速度を掛けた加速度は大変大きくなる．例えば，40 kHz で音圧 100 kPa の場合の加速度は重力加速度の 1700 倍にもなる．超音波洗浄ではこの大きな加速度も汚れを落とすことに寄与している．数 10 kHz の超音波洗浄器のうち小型のものは，ステンレス製の水槽の底面に PZT の板を接着して水槽の振動を起こしているが，中型以上の大きさのものは水槽の底面に BLT を 1 つまたは複数取り付けた構造としている．半導体材料などの繊細なものの洗浄には，キャビテーションが起きにくく，狭いところにも入り込みやすい 1 MHz 程度の高周波を使うこともある．

第 5 章で音波の波動方程式を導いた際には，微小な粒子変位を想定した線形近似を用いた．しかし，強力な超音波を起こすと，この音響理論では起きない現象が顕在化する．例えば，超音波洗浄器の中では水が激しく動いているが，これは機械的に撹拌しているわけではなく，強い超音波により水に流れが生じているのである．これは第 5 章 5.1 節のコラムで触れた**音響流**のひとつである．図 10.9 のように，伝搬方向に減衰しながら伝搬するビーム状の強い進行波音場

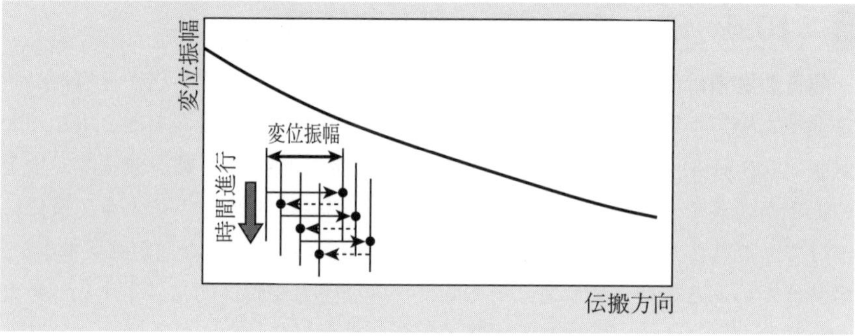

図 10.9　減衰伝搬と音響流の発生

は音響流が発生する典型的な例であり，音波の伝搬方向に媒質の直流的な流れが生じる．粒子変位が無視できないほど大きいと，伝搬方向に変位した先での音場は前の場所より減衰しており，戻る変位は小さくなる．これを超音波周波数で繰り返すので，結果として少しずつ粒子の平衡位置が伝搬方向に動いてゆく．つまり，媒質が直流的に流れる．超音波洗浄器のように定在波が起きている場合は，音場の腹と節の間で流れが生じる．一部で流れを起こす力が発生すると，閉じた容器内の液体は還流するので，超音波洗浄器の中ではいくつかの渦のような流れができていると考えられる．

液中の応用では，水と油を混ぜる乳化や化学反応促進など材料製造への応用も重要である．ここでも，強力な超音波の粒子速度や加速度，音圧，音響流などが利用されている．また，キャビテーションが壊れるときには，数千気圧ともいわれる高圧力が瞬間的に発生すると考えられており，この圧力やそれに伴う局所的な高温が化学反応や物質の分解を起こす．このような現象を考えるのが**音響化学**（**ソノケミストリー**）といわれる分野である．

液面付近で大きな音圧を発生させると，液面から微小な液滴がたくさん発生する．これが**超音波霧化**である．液面での振動加速度による慣性力が表面張力に打ち勝つことによって液滴が液面から離れて空中に出る．超音波の周波数に反比例して発生する液滴の直径が小さくなり，数 MHz では数 μm の小さな液滴が大量に発生する．この現象は加湿器や医用の薬剤吸入などに使われている．加熱による方式と異なり，発生するミストは熱くない．

10.5　アクチュエータとしてのパワー超音波応用

超音波振動を用いてものを動かす技術に，**超音波モータ**や**超音波浮揚**がある．超音波モータは，超音波振動でスライダやロータを擦って動かす摩擦駆動のモータである．原理を説明するために，図 10.10 に棒のたわみ振動を用いたリニアモータを示す．棒の片端から角周波数 ω の振動を励振し，もう片方では振動を吸収することで棒にたわみ振動の進行波

$$u_y = U\sin(kx - \omega t) \tag{10.1}$$

を起こす．ここに k はこの振動の波数である．図中のように，たわみ振動変位 u_y に伴って棒の断面が角度 θ 傾くとすると，棒の表面では水平方向にも

$$u_x = -\frac{h}{2}\sin\theta \approx -\frac{h}{2}\tan\theta = -\frac{h}{2}\frac{\partial u_y}{\partial x} = -\frac{khU}{2}\cos(kx - \omega t) \tag{10.2}$$

である変位をもつ．ここに h は棒の厚さである．今，例えば，$t = 0$ の瞬間を考えると，表面は図中の黒丸のように変位している．棒の表面の各点の 2 次元変位をつなぐと，波の形にはなっているが，厳密には正弦波からはずれた形をしていることがわかる．

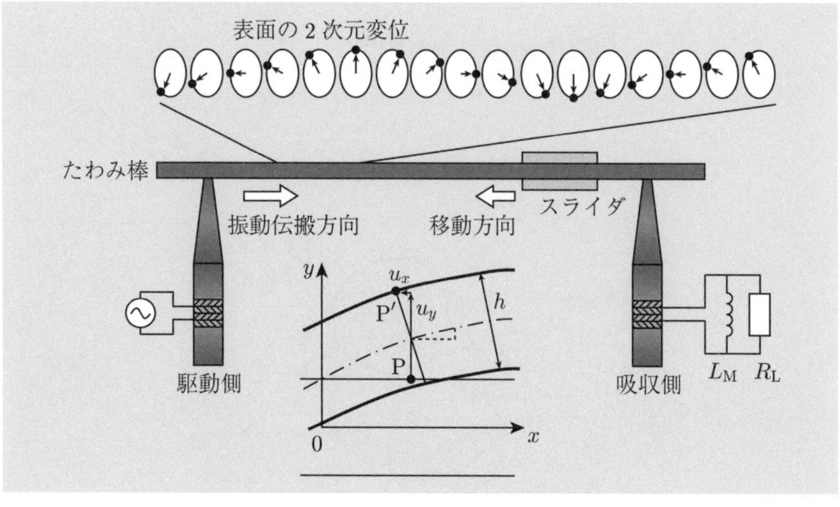

図 10.10　進行波型超音波モータの原理

一方，位置を固定して（例えば，$x = 0$）その点の動きを見ると，超音波周波数で反時計回りに回転していることがわかる．この回転する振動軌跡により，棒に押し付けられたスライダは摩擦力によって振動の伝搬方向と逆向きに送られる．これが進行波型超音波モータの動作原理である．振動の吸収側では，BLT の電気端子に負荷抵抗 R_{L} とインダクタンス L_{M} を接続して電気的に整合を取って反射波が生じないようにしている．L_{M} は BLT の制動容量を打ち消すために用いている．回転型では，図 10.11 のように，円形のステータ振動子を用いることで進行波が周回し，負荷抵抗でエネルギーを消費する必要はない．実際にはアルミニウム合金などの振動体の裏面に円環状の PZT 素子を貼り付けたステータ振動子を用い，PZT 素子の電極を周方向に多数分割し，互いに 90° の位相差がある電圧を加えることで，振動モードを回転させて周方向の進行波とする方法が採られる．図 10.12 は周方向に 2 次モードを起こす例であり，

$$u = U\cos(k_2\theta)\cos(\omega t) + U\sin(k_2\theta)\sin(\omega t) = U\cos(k_2\theta - \omega t) \quad (10.3)$$

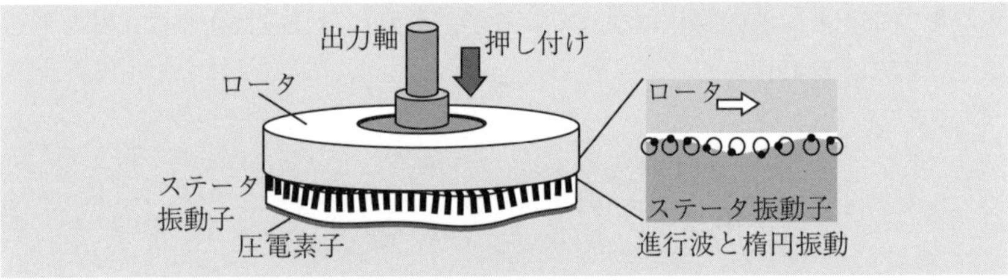

図 10.11　回転型超音波モータ

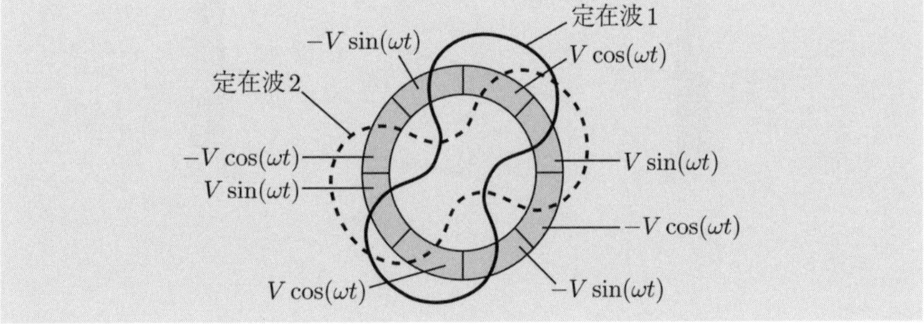

図 10.12　周方向に進行波を起こす電圧印加法

のように周方向に位置が 1/4 波長，時間的位相が 90° それぞれずれた 2 つの波の重ね合わせ（左辺）で右辺の周方向進行波を合成している．これは，振動モードを回転させていると解釈することもできる．

このような超音波モータはカメラの中型以上のレンズの自動焦点合わせ用で実用化されている．超音波モータはトルクが大きく，ギア無しで駆動できるので，静粛で高速な応答が得られるのが特徴である．進行波を使う代わりに，振動方向が直交する 2 つの異なった振動モードを 90° の位相差で発生させて楕円振動軌跡を合成し，ロータやスライダを摩擦駆動する方式もある．

超音波モータでは接触による摩擦力を用いているが，非接触で物体を操作する技術がある．第 5 章の図 5.6 のように，音響的な特性が異なる 2 つの物体の境界では反射波と透過波が生じるが，このとき境界面を押す静的な力が存在する．一方，定在波音場中に存在する波長の $\frac{1}{10}$ 程度の大きさの物体にも静的な力が作用する．空気中の定在波において音圧の節の付近に小さな液滴をとらえた様子を図 10.13 に示す．これらの力は**音響放射力**と呼ばれ，物体の性質により力が作用する向きが変わる．図 10.13 のように媒質よりも密度や硬さの大きい物体では，音圧の腹から節に向かう力が働く．水中の気泡では，逆に，音圧の節から腹に向かう力が作用する．この現象は**音場浮揚**または**超音波浮揚**と呼ばれ，微小部品や薬剤の非接触操作への応用が期待されている．また，基板上に作製した微小な流路中で微小物体や細胞などを操作する**マイクロフルイディクス**（microfluidics）と呼ばれる技術でも，MHz 帯の超音波の音響放射力が利用されることがある．一方，空中での音響放射力は小さいものの，人の指などでも感じることができるので，仮想現実技術への応用も検討されている．

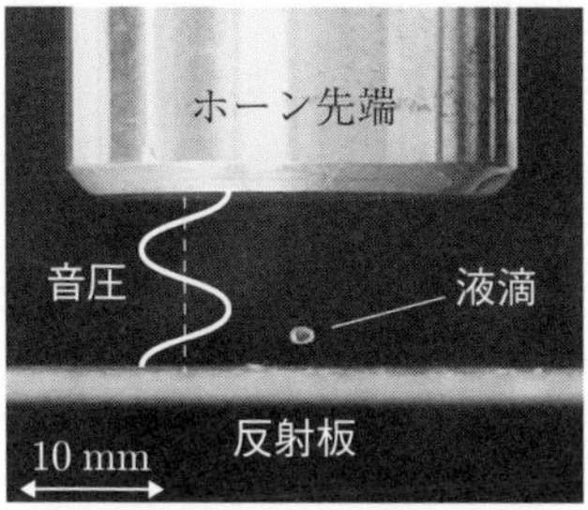

図 10.13 音響放射力による液滴の捕捉（27 kHz）

図 10.14 のように，波長よりも大きい平面物体は振動面のすぐ上に非接触で保持される．このとき，平板の自重を含めた鉛直方向下向きの単位面積当たりの荷重 w と振動変位振幅 u および浮揚距離 h の間には，近似的に次式のような関係がある．浮揚距離は振動子上面と平板の底面との空隙の大きさである．

$$w = \frac{1}{2}\rho c^2 \frac{u^2}{h^2} \tag{10.4}$$

ここに，ρ と c は空気の密度と音速である．一定の振動変位振幅であるとき，荷重を大きくすると浮揚距離は小さくなる．$u = 10$ [μm], $h = 0.1$ [mm] であると，はがき大（150 mm × 100 mm）の平板で約 1 kgf の荷重を支えられることになる．このように比較的大きな荷重に耐えて非接触で物体を保持できる性質は，大面積のガラス板などの製造ラインにおける応用が期待される．

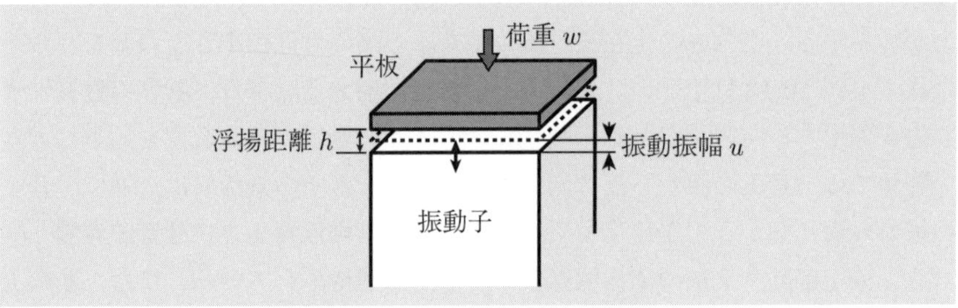

図 10.14　平面物体の超音波浮揚

集束した高強度の超音波にはいくつかの医用応用がある．衝撃波による結石破砕，強い超音波による前立腺がん治療などで，後者は特に**高強度集束超音波**（**HIFU**: high intensity focused ultrasound）と呼ばれている．また，中程度の強度の超音波は骨折治療に応用されている．

10.6　計測や信号伝送のためのパワー超音波応用

超音波の放射力はアクチュエータのみならず，計測にも応用される．成功例のひとつが超音波診断における**エラストグラフィ**と呼ばれる技術である．これは診断用のパルス超音波に加えて送信したやや強めの超音波による音響放射力によって臓器等をわずかに変形させ，その変形の様子を B モードでとらえるものである．臓器や組織の硬さは医用診断に有用な情報となる．変形量を直接評価する方法，放射力による変形に起因して発生した横波の速度を求める方法など，いくつかの手法が考案されている．物体の境界面に加わる音響放射力は，境界面の両側での超音波の**エネルギー密度**の差に等しい．エネルギー密度は音の強さ I を音速で除した値である．全反射の場合の音響放射力は

$$F_{\mathrm{r}} = \frac{2I}{c} \tag{10.5}$$

これから計算すると，数 kPa の音圧で数 gf の力が得られることになる．

媒質の音響的非線形性は，医用画像診断装置の**ハーモニックイメージ**として利用されている．非線形性により生じた送信波の 2 倍の周波数の成分を受信時に抽出して画像化する技術であり，部位によっては基本波よりも虚像の少ない B モード像が得られる．さらに，非線形性の高い気泡やマイクロカプセルなどを積極的に用いてコントラストを強化する方法も考えられている．

一方，空中の非線形応用の代表例は**パラメトリックスピーカ**である．これによると，小口径でも可聴域で極めて高い指向性が得られるため，超指向性スピーカとか音のスポットライトとしての応用がある．この動作原理を説明しよう．図 10.15 のように，角周波数 ω_{u} の超音波を空中に放射する．第 9 章の図 9.11 で説明したセンサ用トランスデューサを 2 次元に数 10 個以上配列した音源を用いており，ビーム状の超音波となって伝搬している．ここで，この超音波を目的の可聴周波数（角周波数 ω_{a} とする）で振幅変調する．つまり，ビーム状に放射される超音波は，α を変調度（0〜1）として

$$\begin{aligned} p &= P\bigl(1+\alpha\cos(\omega_{\mathrm{a}}t)\bigr)\cos(\omega_{\mathrm{u}}t) \\ &= P\cos(\omega_{\mathrm{u}}t) + \frac{\alpha P}{2}\cos(\omega_{\mathrm{u}}-\omega_{\mathrm{a}}) + \frac{\alpha P}{2}\cos(\omega_{\mathrm{u}}+\omega_{\mathrm{a}}) \end{aligned} \tag{10.6}$$

である．周波数領域でみると，送信超音波の周波数の両側にそれと可聴周波数

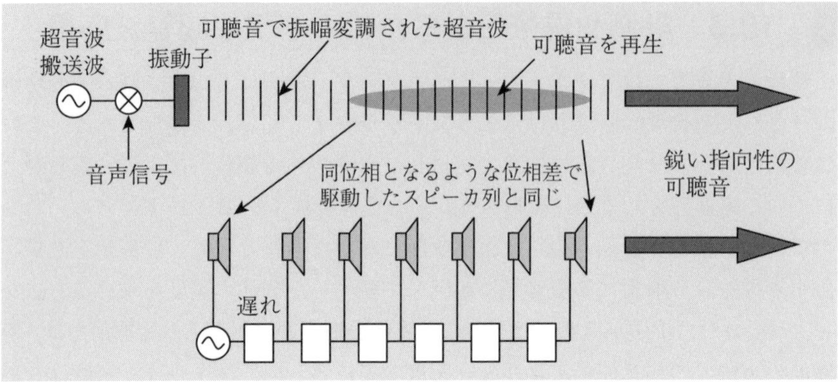

図 10.15　パラメトリックスピーカの動作原理

だけ低い成分と高い成分（側波帯）が発生しているが，それらは全て超音波である．例えば送信超音波が 40 kHz，可聴信号が 1 kHz であれば，39 kHz, 40 kHz, 41 kHz の信号が存在する．ここで，空気の非線形性によって超音波は

$$p_n = p + \beta p^2 \tag{10.7}$$

のように歪むと仮定しよう．第 2 項が非線形性により発生する成分であり，係数 β がその度合いを表している．これに式 (10.6) を代入すると，角周波数が送信超音波 ω_u である成分，超音波と可聴成分 ω_a との和周波，差周波など，いくつかの異なった周波数成分が存在するが，その中に可聴信号 ω_a の成分も含まれる．すなわち，超音波を送信したが，それが伝搬する過程で可聴周波数の信号が生じているわけである．つまり，図に描いてあるように，超音波の鋭いビーム上に音声信号がばら撒かれることになる．このようにして超音波の細長いビームが可聴音の音源となる．しかも，その可聴周波数の信号は音速の分だけ遅れて直線的に配置される．これは図の下にあるように直線状に並べた多数のスピーカをその間隔に応じた時間差で駆動したのと等価である．これは第 6 章で取り上げたアレイ音源の各素子に音速で伝搬する分の位相差を与えたもので，配列方向に強い指向性が生じる．超音波は空気中での減衰が可聴音より大きいため遠方まで届かないが，ここで発生した可聴音は高い指向性で遠くまで到達する．これがパラメトリックスピーカの動作であり，通常は耳元で非線形効果によって可聴音を発生させるような使い方はしない．超音波が減衰した遠方での利用が普通である．

10.7　水晶振動子とフィルタデバイス

水晶の圧電性と共振現象を利用した**水晶振動子**は，ディジタル回路のクロックの生成や通信機の基準周波数の発生に使われているので，現在の電子機器でこれを用いていないものはないといっても過言ではない．水晶振動子の基本構造は第 9 章で述べた厚み振動子やすべり振動子などと同様で，電気端子から見た共振特性を回路素子として利用する．すなわち，振動子の寸法が半波長やその奇数倍になる周波数付近で電気的なインピーダンスが Q 値の高い極値を示すことを利用して，この周波数で発振する回路を構成する．図 10.16 にインバータによる回路例を示す．R_f は帰還抵抗であり，C_1 と C_2 は発振周波数の微調整用である．

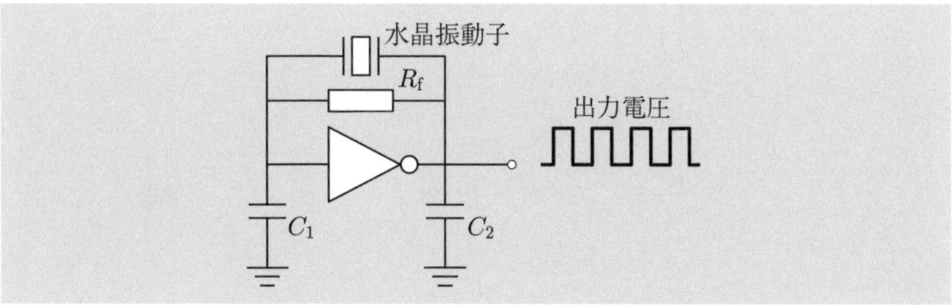

図 10.16　水晶振動子による発振回路の例

古賀カットの水晶振動子

水晶振動子はその切り出し角度により周波数の温度依存性が異なるが，**古賀逸策**（1899〜1982 年）によって温度依存性の極めて小さい切り出し角度が発見された．これが R1 カットである．米国のベル研究所が AT カットと呼んだので，その呼び名が普及しているが，2017 年になって，1933 年の古賀の発明の先取性が認められ，電気電子分野の世界最大の学会である IEEE（Institute of Electrical and Electronics Engineers）より「温度無依存水晶振動子」として IEEE マイルストーンに認定されている．IEEE マイルストーンは，電気・電子分野の画期的な発明のうち，開発から 25 年以上経過し，社会や産業の発展に多大な貢献をした業績を認定する制度である．

ラジオからスマートフォンまで，無線通信装置の受信部の基本構成は図 10.17 のようになっている．アンテナで受信された周波数 f_R の信号と局部発振器の周波数 f_L の信号の差周波数（中間周波数）をミキサーで取り出してから復調処理を行う．ここで，中間周波数を一定として，局部発振の周波数を可変とすることで，受信信号の中から狙った信号を選択する．このため，信号をいかにうまく選択できるかはフィルタの性能にかかってくる．この**帯域通過フィルタ**には必要な帯域以外の周波数の通過を阻止する能力，通過帯域での平坦性などが要求される．水晶振動子を複数組み合わせると，LC 回路では困難な，減衰特性の優れた帯域通過フィルタが構成できるので，通信機に使われている．また，1 つの水晶素子に複数の電極を付けてフィルタ特性を得る**モノリシックフィルタ**が各種無線機器に用いられている．水晶ではなく，圧電セラミックスを用いたものもさまざまな電子機器で使われている．

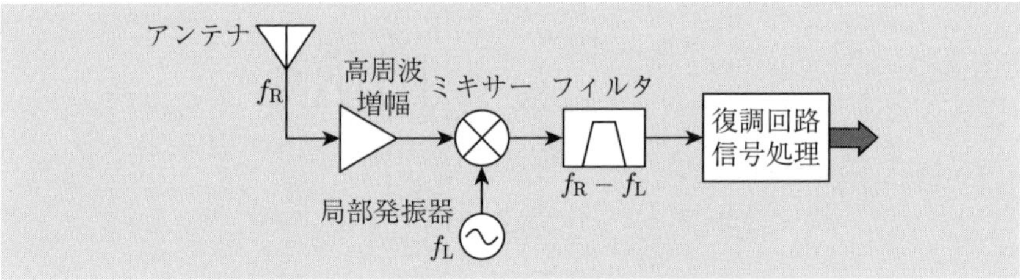

図 10.17　通信機器の受信回路の基本構成

圧電素子の共振を用いたフィルタに対して，**弾性表面波**（surface acoustic wave, **SAW**）の進行波を用いたものが **SAW フィルタ**である．弾性表面波は固体表面を伝搬する弾性波のひとつで，表面弾性波ともいわれる．表面から深さ方向には振動振幅が急激に減少し，振動エネルギーのほとんどが表面から 1 波長以内に局在する．イギリスの物理学者，ジョン ウィリアム ストラット（レーリー卿，1842〜1919 年）によって地震波のひとつとして見出されたので**レーリー波**ともいう．表面に垂直な振動変位と伝搬方向の振動変位を有しており（P＋SV 波），それらの間には 90° の位相差があるので，表面の 1 点に着目すると，それは楕円軌跡を描く．表面の 1 点が楕円軌跡を描くのは棒のたわみ波（図 10.10）でもみた．弾性表面波では垂直成分のほうが大きく，また，回転方向は伝搬方向と逆である．弾性表面波の伝搬速度 c_{R} は，第 7 章で学んだねじり波や SH 波の伝搬速度 c_{T} より少し小さく，σ をポアソン比として，近似的に

$$c_{\mathrm{R}} = (0.874 + 0.202\sigma - 0.077\sigma^2)c_{\mathrm{T}} \tag{10.8}$$

と書ける．

この物理現象がフィルタとして利用されるのは，**交差指状電極**（inter-digital transducer, **IDT**）が発明されたからである．**すだれ状電極**，**櫛形電極**ともいう．水晶，ニオブ酸リチウム（$\mathrm{LiNbO_3}$），タンタル酸リチウム（$\mathrm{LiTaO_3}$）などの単結晶圧電性基板の表面に図 10.18 のような電極を設ける．電極の周期に一致する波長の弾性表面波を効率よく送受信する．この電極の選択性により帯域通過特性をもつが，それに加えて，図 10.19 のように電極の交差する長さを場所によって変化させることでフィルタ特性の設計が可能であることが特徴である．この場合の動作をブロック図で表したのが下の図で，電極の位置による時間遅れ $i\Delta t$ を与えた信号を，強度に重み w_i を付けて足し合わせている．電極の交差する長さで強度重みが与えられる．その出力は

$$f(t) = w_1 f(t) + w_2 f(t + \Delta t) + \cdots + w_n f(t + n\,\Delta t) \tag{10.9}$$

と書ける．この式は，時間遅延量と重みを付けて特性を変化させるディジタルフィルタの設計理論と同様である．実際の SAW フィルタでは，より複雑な電極構造によって性能改善が図られている．

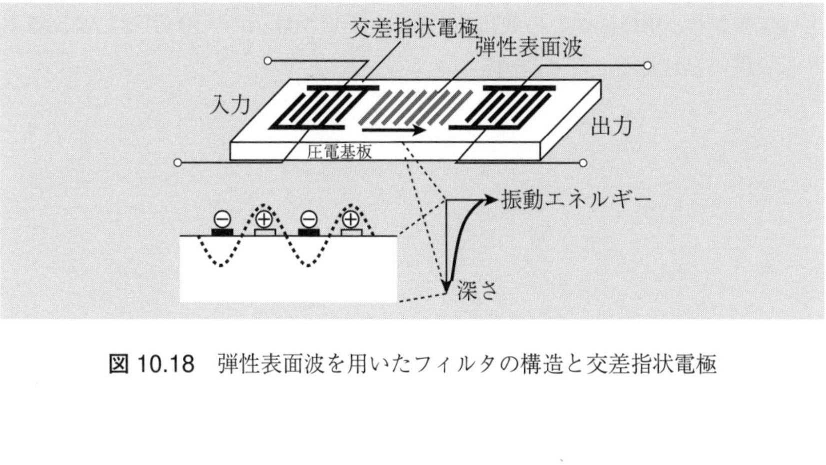

図 10.18　弾性表面波を用いたフィルタの構造と交差指状電極

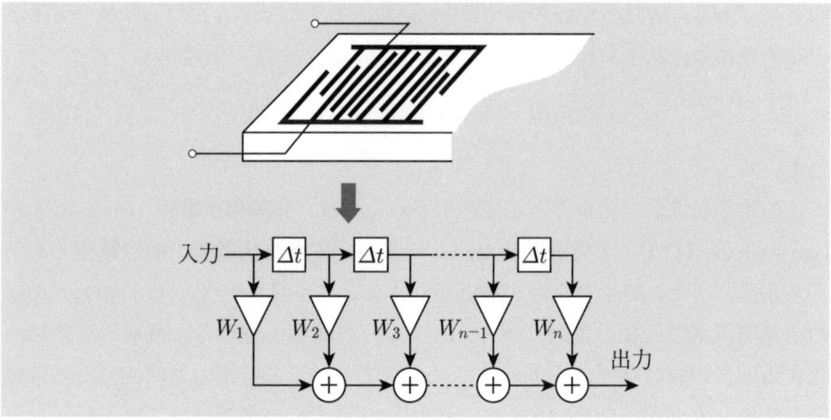

図 10.19　交差指状電極の幅の変化によるフィルタ特性の設計

弾性表面波素子には，受信側の電極を反射器とした共振子としての応用もある．また，複数の反射器を長さ方向に並べると，1つの入射波に対して異なった時間の複数のパルス列を返す素子となる．この反射器の配置パターンを符号として，固有のコードを与えた無線タグとする利用法もある．

弾性表面波による電子部品を**弾性表面波デバイス**というのに対して，前述の固体の共振を用いるものを**バルク波デバイス**と呼び，その共振子は **BAR**（bulk acoustic resonator）と呼ばれている．また，数 μm から数 10 μm の厚さの圧電薄膜による共振子 **FBAR**（film bulk acoustic resonator）はシリコン基板上に作製され，集積回路との親和性が高い．100 MHz から 10 GHz の高周波用として用いられる．

10.8　センサデバイスへの応用

クロックや基準周波数を作る応用の他に，水晶振動子の共振周波数が付着物による質量変化に敏感であることを利用したセンサがある．この振動子の電気等価回路は図 10.20 の右上のとおりであり，その共振周波数は

$$f_0 = \frac{1}{2\pi\sqrt{C_\mathrm{m}L_\mathrm{m}}} \tag{10.10}$$

である．ここで，振動子に小さな付着物が付くと，その等価質量に対応した微小量 ΔL_m だけ等価インダクタンスが増加し，共振周波数が Δf だけ低下する．

$$f_0 - \Delta f = \frac{1}{2\pi\sqrt{C_\mathrm{m}(L_\mathrm{m} + \Delta L_\mathrm{m})}} \tag{10.11}$$

これら式 (10.10) と (10.11) より，

$$\frac{f_0 - \Delta f}{f_0} = \frac{1}{\sqrt{1 + \frac{\Delta L_\mathrm{m}}{L_\mathrm{m}}}} \approx 1 - \frac{1}{2}\frac{\Delta L_\mathrm{m}}{L_\mathrm{m}} \tag{10.12}$$

が得られる．質量の変化率は共振周波数の変化率から推測できることを示しており，この原理は真空蒸着装置の**膜厚計**として利用されている．蒸着槽の中に水晶振動子を置いておき，その上に蒸着された量を，質量付加効果による共振周波数変化として検出する．また，水晶振動子の電極上に特定のガスを吸着す

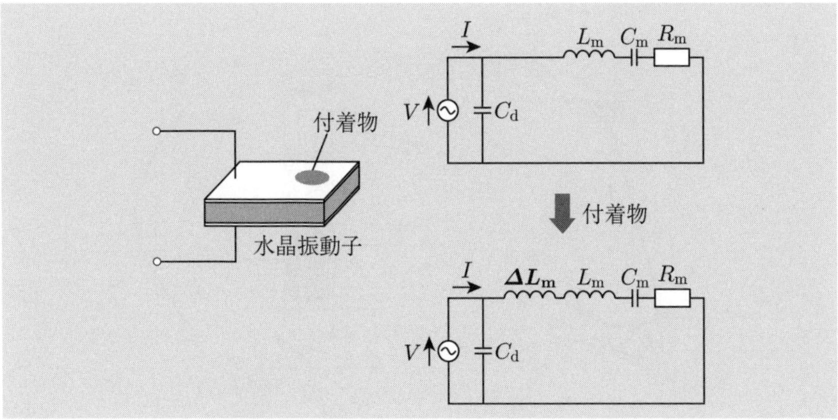

図 10.20　水晶振動子式膜厚計の原理

る特別な膜を設けておくことで，ガスセンサとして応用される．弾性表面波素子の伝搬面に吸着膜を付けて，受信側への到達時間（位相）や信号強度の変化を読み取るセンサ素子もある．このような振動子への付加物の影響は液体の粘度計としても利用される．

カメラの手振れ防止，カーナビやスマートフォンなどでは，小型で高感度な回転センサが必要であり，超音波振動子を応用した**振動ジャイロ**が使われている．微細加工技術（MEMS 技術）を用いて作られることがほとんどなので，**MEMS ジャイロ**とも呼ばれる．東京上野の国立科学博物館には，大きな**フーコー振子**が展示されている．図 10.21 左のように，フーコー振子は天井から吊るされた振子である．この振子の振動面は空間にとどまるので，地球が自転をしてゆくと，地面に固定した視点からは，振子の振動面が時々刻々少しずつ回転してゆくことになる．すなわち，振動面のずれから地球の自転が検出できる．この大きな振子の代わりに超小型の振動子を用い，振動面のずれを検出して，その振動子が搭載された機器の回転をセンシングするのが振動ジャイロである．図 10.21 右はその原理図で，細長い角柱状振動子にたわみ振動を励振し，それと振動面が直交する振動を検出できるような電極を備えている．回転角速度の大きさと向きに応じて，駆動電極で起こした振動と振動面が直交する振動が誘起され，検出電極に生じる電圧が変わる．実用的な MEMS ジャイロでは静電気力を用いた微細な音叉型振動子を基にした構造が採用されている．

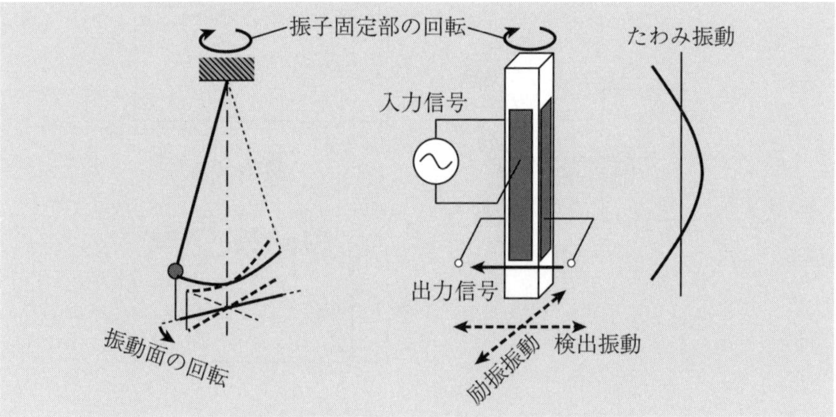

図 10.21　フーコー振子（左）と振動ジャイロの基本形（右）

10.9 圧電トランス

巻線を使った電磁誘導に基づくトランスではなく，圧電素子の振動を用いたトランスが**圧電トランス**である．図 10.22 は**ローゼン型**と呼ばれる基本形である．圧電セラミックスの矩形板の左半分は上下に電極があり，厚さ方向に分極されている．右半分は右端面に電極があり，横方向に分極されている．この振動子の左側に電圧 V_{in} を印加すると，横効果によって半波長の共振振動を起こす．すると振動子の右半分では縦効果によって電圧 V_{out} が生じる．電極間の距離，横効果と縦効果の圧電定数，静電容量 C_{i} と C_{o} などの差によって $V_{\mathrm{out}} > V_{\mathrm{in}}$ となる．すなわち，昇圧される．もともとブラウン管テレビの高電圧発生用として 1950 年代後半に発明されたが，結局普及しなかった．その後，1990 年代に液晶ディスプレイのバックライト用冷陰極管の点灯用として使われた．巻線が無いので小型化可能，燃えにくいなどの特徴がある．バックライトの LED 化や有機 EL ディスプレイの普及によりディスプレイにはあまり使われなくなったが，その他の高電圧発生用などに応用される．

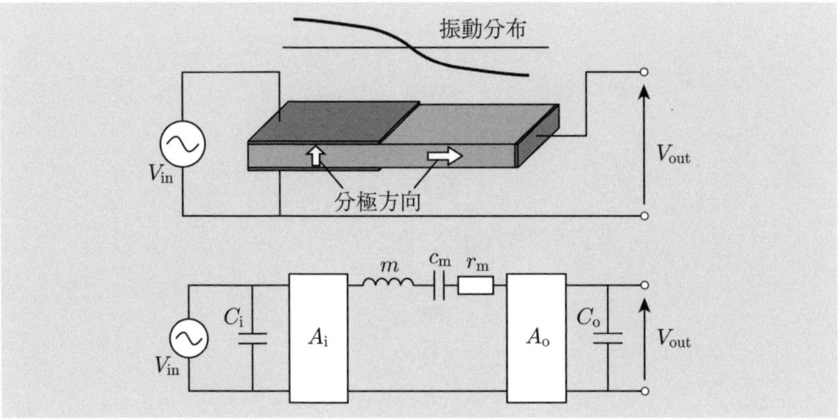

図 10.22　圧電トランスの構造と等価回路

10.10　光との相互作用と光デバイス

超音波が媒質を伝搬すると，超音波の波長で媒質の密度が周期的に変化するので，周期的な光の屈折率分布が生じる．図 10.23 のように透明な固体に圧電薄膜を付け，反対側では超音波を反射しないようにすると，超音波進行波により音速で移動する屈折率の回折格子が形成される．超音波周波数が数 10 から数 100 MHz であると光のブラッグ回折が起きる．しかも，ドップラ効果によって，回折光の周波数は超音波の周波数だけずれる．このように超音波が光に及ぼす効果を用いた素子を**音響光学デバイス**という．上記のものは**音響光学変調器**あるいは**ブラッグセル**と呼ばれる．周波数がずれる効果はさまざまな光学測定器に応用される．特に，測定光と周波数がずれた参照光による干渉計を**ヘテロダイン干渉計**といい，精密な距離測定や速度測定に応用される．超音波の有無で回折が生じたり生じなかったりするので，光路の切替スイッチや偏向器としても用いられる．また，超音波周波数によって回折格子のピッチが変わり，回折角度が変化することを利用して，高周波信号のリアルタイム周波数分析器として，電波天文学などでの応用がある．

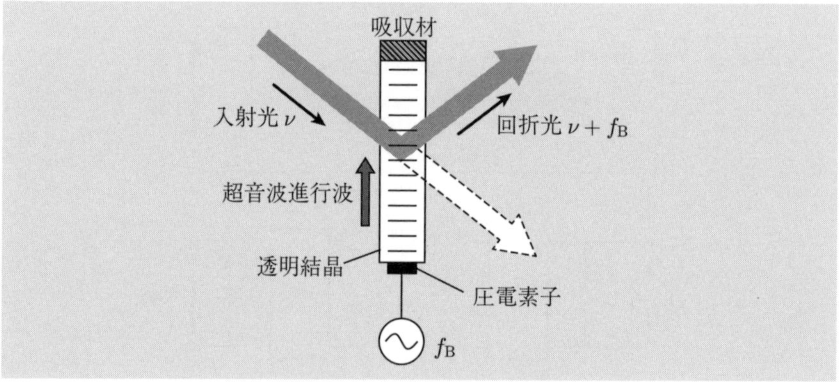

図 10.23　音響光学変調器

最後に，光の伝搬によって生じる音響波を介して光が散乱する**ブリルアン散乱**について述べる．1 次元のためわかりやすい**光ファイバ**内のブリルアン散乱を例にしよう．光ファイバは屈折率がわずかに異なるコアとクラッドが同軸に配置された透明度の極めて高い外径 0.125 mm のガラス線である．シングルモード光ファイバではコアの直径は 10 μm ほどであり，そこに光が閉じ込められて伝搬する．このとき，光の伝搬に伴って光ファイバ中の光波長 $\frac{\lambda_0}{n}$ の半分を波長とする音響波が光ファイバの軸方向に速度 c_a で伝搬すると考える．n はコアの屈折率である．音響波の周波数を f_B として，

$$\frac{\lambda_0}{2n} = \frac{c_\mathrm{a}}{f_\mathrm{B}} \tag{10.13}$$

が成り立つ．光通信では $\lambda_0 = 1550$ [nm] 程度であり，コアについて，$n = 1.4$ および $c_\mathrm{a} = 6000$ [m/s] とすると，$f_\mathrm{B} = 10.8$ [GHz] と計算される．光の伝搬方向と逆向きに後方散乱される光は，ドップラ効果によりこの f_B だけ周波数が低くなっている．これを**ブリルアン周波数シフト**という．図 10.24 のように，この後方散乱光を入射光と干渉させると f_B を観測できる．光ファイバに張力を加えて 1% 伸ばすと約 500 MHz の周波数変化が起きる．パルス光を用いて散乱光の戻ってくる時間 τ から距離を求め，f_B から歪みを推定すれば，光ファイバの各位置に加わった歪みの大きさを計測できる．これは分布型の歪みセンサとして応用されている．ブリルアン散乱はバルク材料でも発生するので，散乱光の周波数変化から材料の GHz 帯での音速を求める方法として知られている．バルク材料での測定では，光の入射方向と音波の伝搬方向がある角度をなすことがほとんどなので，角度による補正が必要である．

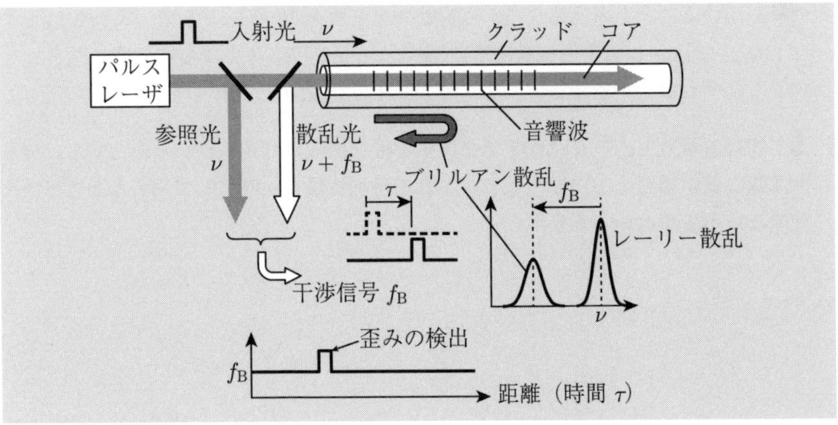

図 10.24　光ファイバ中のブリルアン散乱と歪みセンサ応用

10 章の問題

□ **1**　27 kHz で振動変位振幅が 20 μm のホーンの先端に付着した 0.1 g の物体に働く慣性力の最大値を求めよ．

□ **2**　上記の問題のホーンが半波長のジュラルミン製ストレートホーンだった場合，ホーンに加わる最大応力を求めよ．

□ **3**　下図のように，空気中において，秤に糸で吊るした超音波吸収体に鉛直方向上向きに超音波を照射した．このとき，超音波照射が無いときに比べて秤の表示値が 140 mg 減じた．吸収体の反射率を 0 として，吸収体表面での超音波の音圧を求めよ．

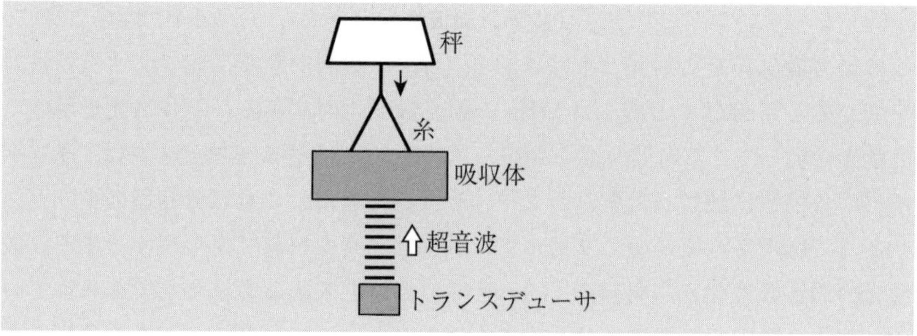

□ **4**　図 10.10 の超音波モータについて，細棒の縦波音速が 5000 m/s の矩形断面の棒を用いることを考える．たわみ振動の周波数を 27 kHz として，式 (10.1) および (10.2) で示される楕円振動軌跡の形状を $|u_y| = 2|u_x|$ とするには棒の厚さ h をいくらにすればよいか求めよ．第 7 章の式 (7.49) と (7.56a) を参考にすること．

□ **5**　等価質量 0.1 g で 10 MHz で発振する圧電振動デバイスがあったとする．発振周波数の測定精度を 10 Hz として，これを付加質量センサとして用いたときに検出可能な最小質量はいくらか．

付　録

A.1 固体の弾性

第 7 章において固体の歪みと応力の関係を述べた．本書では簡単のために圧縮変形とせん断変形を別々に述べたが，一般に，固体の弾性の理論ではそれらをまとめて定式化している．

変位を u_i, u_j とし，歪みを S_{ij} と表示すると，

$$S_{ij} = \frac{1}{2}\left(\frac{\partial u_i}{\partial x_j} + \frac{\partial u_j}{\partial x_i}\right) \tag{A.1}$$

と書ける．これを**歪みテンソル**という．$i = 1, 2, 3$ と，$j = 1, 2, 3$ は座標 x, y, z に対応している．ここで，$S_{ij} = S_{ji}$ であることから，独立な歪みは 6 成分である．新たに次のように，歪み S_1, S_2, S_3, S_4, S_5, S_6 を定義する．

$$\begin{aligned} S_1 &= S_{11}, \quad S_4 = 2S_{23} \\ S_2 &= S_{22}, \quad S_5 = 2S_{13} \\ S_3 &= S_{33}, \quad S_6 = 2S_{12} \end{aligned} \tag{A.2}$$

応力についてもこのような 6 成分の表示を定義すると，

$$\begin{aligned} T_1 &= T_{11}, \quad T_4 = S_{23} \\ T_2 &= T_{22}, \quad T_5 = S_{13} \\ T_3 &= T_{33}, \quad T_6 = S_{12} \end{aligned} \tag{A.3}$$

となる．詳しい導出は弾性力学の参考書にゆずるが，式 (A.2) との違いに注意して欲しい．式 (A.2) の各式の左辺の表示と式 (A.3) の各式の左辺の表示を

$$\begin{pmatrix} T_1 \\ T_2 \\ T_3 \\ T_4 \\ T_5 \\ T_6 \end{pmatrix} = \begin{pmatrix} c_{ij} \end{pmatrix} \begin{pmatrix} S_1 \\ S_2 \\ S_3 \\ S_4 \\ S_5 \\ S_6 \end{pmatrix} \tag{A.4}$$

と関係づける．この $\left(c_{ij}\right)$ は 6×6 の成分をもつ弾性係数である．実際に独立な成分は 21 個であるが，等方性材料では独立な変数 2 つだけで表すことができる．等方性材料の弾性係数はラメ定数 λ と μ によって

$$\left(c_{ij}\right)=\begin{pmatrix}\lambda+2\mu & \lambda & \lambda & 0 & 0 & 0\\ \lambda & \lambda+2\mu & \lambda & 0 & 0 & 0\\ \lambda & \lambda & \lambda+2\mu & 0 & 0 & 0\\ 0 & 0 & 0 & \mu & 0 & 0\\ 0 & 0 & 0 & 0 & \mu & 0\\ 0 & 0 & 0 & 0 & 0 & \mu\end{pmatrix} \tag{A.5}$$

と表せる．

A.2　固体の波動方程式

固体の運動方程式の一般形は，変位ベクトルを

$$\boldsymbol{u}=\begin{pmatrix}u_x\\ u_y\\ u_z\end{pmatrix} \tag{A.6}$$

として，導出は省略するが，

$$\rho\,\frac{\partial^2\boldsymbol{u}}{\partial t^2}=(\lambda+\mu)\,\mathrm{grad}\,\Delta+\mu\nabla^2\boldsymbol{u} \tag{A.7}$$

と書ける．ここに，各種の記号は

$$\Delta=\mathrm{div}\,\boldsymbol{u}=\frac{\partial u_x}{\partial x}+\frac{\partial u_y}{\partial y}+\frac{\partial u_z}{\partial z} \tag{A.8}$$

$$\mathrm{grad}\,\Delta=\begin{pmatrix}\frac{\partial\Delta}{\partial x}\\ \frac{\partial\Delta}{\partial y}\\ \frac{\partial\Delta}{\partial z}\end{pmatrix} \tag{A.9}$$

$$\nabla^2=\frac{\partial^2}{\partial x^2}+\frac{\partial^2}{\partial y^2}+\frac{\partial^2}{\partial z^2} \tag{A.10}$$

と定義される．

運動方程式 (A.7) の x, y, z 成分をそれぞれ x, y, z で微分して書き直すと

$$\rho\,\frac{\partial^2\Delta}{\partial t^2}=(\lambda+2\mu)\nabla^2\Delta \tag{A.11}$$

のように，Δ に対する波動方程式になる．

まず，$\Delta\neq0$ の解を考える．これは発散性の解であり，

$$\boldsymbol{u} = \operatorname{grad}\varphi \tag{A.12}$$

とスカラー量 φ によって表せる．今，x 軸方向に進む平面波を仮定すると，式 (A.11) は

$$\rho\,\frac{\partial^2\varphi}{\partial t^2} = (\lambda + 2\mu)\frac{\partial^2\varphi}{\partial x^2} \tag{A.13}$$

と書ける．これは φ に関する波動方程式であり，第 7 章で求めた無限媒体中の縦波に他ならない．

一方，$\Delta = 0$ の場合は，式 (A.7) は

$$\rho\,\frac{\partial^2\boldsymbol{u}}{\partial t^2} = \mu\nabla^2\boldsymbol{u} \tag{A.14}$$

となる．$\Delta = 0$ より，発散性のない波であり，横波であることがわかる．第 7 章で述べた横波（ねじり振動）と伝搬速度が同じである．このときには，

$$\boldsymbol{u} = \operatorname{rot}\boldsymbol{A} \tag{A.15}$$

と振動変位はベクトル量 $\boldsymbol{A}$ の回転として与えられる．

式 (A.7) は固体中の全ての弾性波に関する波動方程式となっているが，第 7 章では，細棒の縦波であるとかねじり波であるとか，予め波の種類を決めてから，それぞれについて支配方程式をたててその解を導いたわけである．

問題略解

第1章

1　身のまわりにあるスマートフォン，テレビなどのスピーカがどこに付いているか確認してみよう．その他に洗濯機のような家電製品にも音声ガイドがあるものがあり，スピーカが搭載されている．これらをいちいち数えるとかなりの数になることと思う．

2　コラムで述べたように，時報には 440 Hz や 880 Hz が使われることが多い．スマートフォンのフリーアプリなどに周波数を測定するものが出回っているので，それらを用いて調べてみるのもよいだろう．

3　省略．参考文献欄にある音響学，電気音響学などに関する教科書をみてみよう．

4　省略．各自で調べてみよう．小さい動物ほど高い周波数が聴こえる傾向にある．

5　120 dB は音圧比で，$10^{\frac{120}{20}} = 10^6 = 1{,}000{,}000$ である．例えば CD プレーヤは 16 bit でディジタル化されており，$2^{16} = 65{,}536$ なので，これに及ばない．$2^{20} = 1{,}048{,}576$ であるので，120 dB は 20 bit のダイナミックレンジに相当すると考えられる．計算で求めるのならば，$10^6 = 2^n$ より，両辺の対数を取ると，

$$6 = n \log 2 \approx 0.3n$$

である．よって，$n = 20$ であり，20 bit である．

第2章

1　加速度 a は，式 (2.13) を時間微分して

$$a = -\omega^2 x_0 \cos(\omega t)$$

である．これを図 2.3 にならって下向きを正に取って描くと図 A2.1 のとおりである．

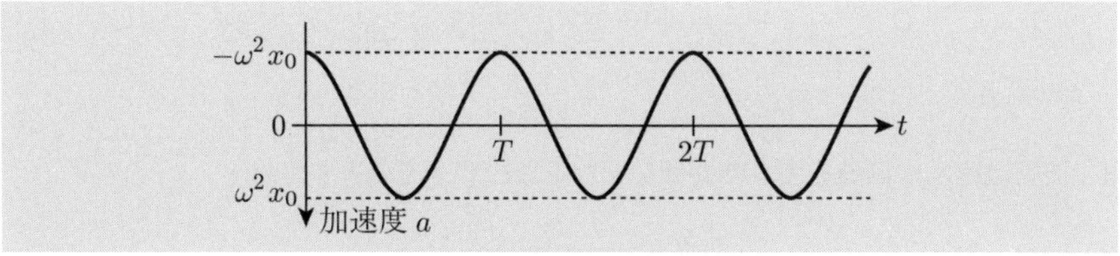

図 A2.1　ばね振り子の加速度の時間変化

2　式 (2.15) あるいは (2.16) から，固有周波数は $\sqrt{2}$ 倍になる．

3　式 (2.16) の固有周波数の式から $40:39 = \sqrt{\frac{1}{m}} : \sqrt{\frac{1}{m+0.002}}$ であり，元の質点の質量は 0.0385 kg である．

4　式 (2.17) に複素表示を用いると，

$$-\omega^2 \overrightarrow{x} + \frac{k}{m}\overrightarrow{x} = 0$$

となり，式 (2.15) が求められる．

第3章

1　防振ゴムは振動損失が他の部材よりも大きいので，その減衰効果も期待されるが，柔らかいゴム材により振動系のばね定数が下がり共振周波数を下げる効果も大きい．同じ観点で，室外機の上にレンガなどの「重し」を置くのも，質量を増やして共振周波数を下げていると解釈できる場合もある．図 3.6 から，加振力の周波数よりも共振周波数を下げると，振動変位は小さくなる．

2　振動速度が最大値 $v_{\max}$ の $\frac{1}{\sqrt{2}}$ になる角周波数を $\omega_1 = \omega_0 - \Delta\omega$ および $\omega_2 = \omega_0 + \Delta\omega$ とする．ω_0 は共振角周波数であり，Q 値が高いので，$\omega_0 \gg \Delta\omega$ である．ここで，式 (3.17) に角周波数を掛けて振動速度の大きさにすると，

$$|\overrightarrow{v}| = \frac{\omega_0 Q c_{\mathrm{m}} |\overrightarrow{F_0}|}{\sqrt{Q^2\left(\frac{\omega_0}{\omega} - \frac{\omega}{\omega_0}\right)^2 + 1}}$$

と書ける．最大値は $v_{\max} = \omega_0 Q c_{\mathrm{m}} |\overrightarrow{F_0}|$ である．周波数が ω_1 のとき

$$\frac{1}{\sqrt{2}} = \frac{1}{\sqrt{Q^2\left(\frac{\omega_0}{\omega_0 - \Delta\omega} - \frac{\omega_0 - \Delta\omega}{\omega_0}\right)^2 + 1}}$$

である．これより，$\omega_0 \gg \Delta\omega$ から

$$Q = \frac{1}{\frac{\omega_0}{\omega_0 - \Delta\omega} - \frac{\omega_0 - \Delta\omega}{\omega_0}} = \frac{(\omega_0 - \Delta\omega)\omega_0}{2\omega_0 \Delta\omega - \Delta\omega^2} \approx \frac{\omega_0}{2\Delta\omega} = \frac{\omega_0}{\omega_2 - \omega_1}$$

と求められる.

3 振動加速度は振動速度を時間微分した量なので，その大きさは

$$|\vec{\alpha}| = \frac{\omega_0 Q c_{\mathrm{m}} |\vec{F_0}| \omega}{\sqrt{Q^2 \left(\frac{\omega_0}{\omega} - \frac{\omega}{\omega_0}\right)^2 + 1}}$$

と計算できる（図 A3.1 参照）.

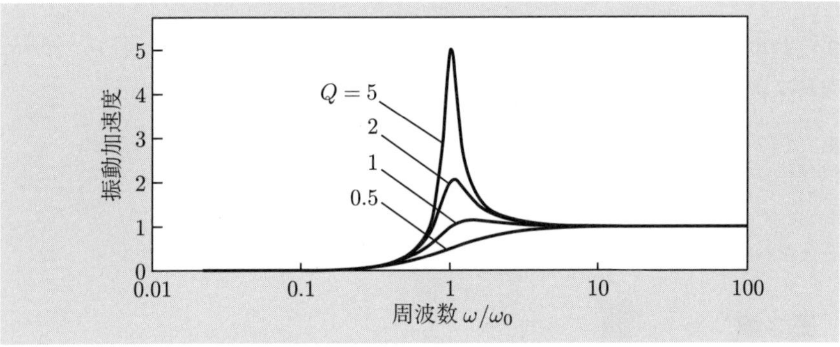

図 A3.1 振動加速度の共振特性

4 省略

第4章

1 小口径のスピーカは同じ体積速度を得るために振動のストロークが必要である．また，低音が出しにくい．大口径のスピーカは，低音は出しやすいが，高音ではコーン紙の分割振動が起き，周波数特性や指向性が複雑になる.

2 圧電セラミックスを用いたものが簡易な用途に利用されることがある．薄型だが，変位量が取れないので低音を出しにくい．圧電セラミックスについては第 9 章で触れる．また，静電気力を用いた静電型もあるが高電圧を必要とする．駆動力の発生方法は異なるものの，どのスピーカも振動板の振動によって空中に音を放射している．このことがスピーカの周波数特性や指向性に関する性能を制限する要因になっているので，振動板を用いない方式も検討されている.

3　1 Pa の音圧を加えた場合，1 V の出力が得られるときを 0 dB として，

$$20\log\frac{2\ [\mathrm{mV}]/0.1\ [\mathrm{Pa}]}{1\ [\mathrm{V}]/1\ [\mathrm{Pa}]} = -34\ [\mathrm{dB}]$$

4　動電型マイクロフォンは動電型スピーカとほぼ同様の構造である．実際，動電型スピーカは，マイクロフォンとしても動作する．動電型マイクロフォンは堅牢であり，ボーカル用や業務用などによく使われる．

第5章

1　気温 30 ℃ を式 (5.22) に代入して，$c = 331 + 0.6 \times 30 = 349$ [m/s] である．

2　理科年表等で調べること．

3, 4　省略

5　式 (5.82) の大きさを図示すればよい．図 5.13 と比べること．

6　反射係数 $r = -1$ を式 (5.75) に代入して，$|p(x)| = 2|C||\sin(k_2x)|$ である．位相は式 (5.76) の両辺の逆数を考えて，$\cot\varphi = 0$ となる．これらは図 A5.1 のとおりである．ここでも，$x = 0$ の位相を基準に位相を表示している．

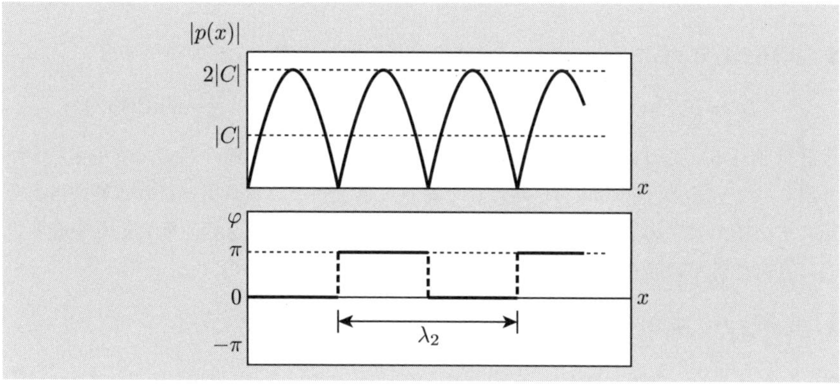

図 A5.1　$r = -1$ の場合の定在波の振幅と位相

第6章

1 呼吸球表面 $(r=a)$ での音響インピーダンスは音圧と振動速度の式 (6.2) と (6.4) の比より

$$z(a) = \frac{1+\frac{j}{ka}}{1+\left(\frac{1}{ka}\right)^2}\,\rho c$$

と計算できる．これを図示すると図 A6.1 である．

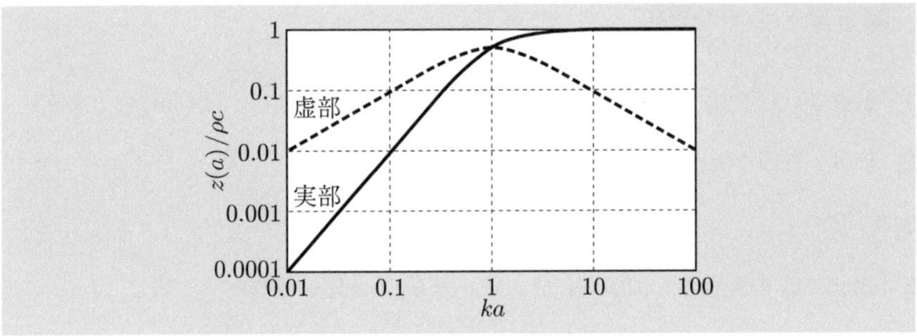

図 A6.1 半径 a の球表面での音響インピーダンス

2 空気中の波長は 0.34 m であり，式 (6.20) より図 6.10 を書き直せば，半値全幅は 106° 程度である．

3 式 (6.24) に式 (5.81) および (5.82) を代入して，音響インテンシティは

$$I_x = pv_x^* = \left(2C\cos(k_2x)\right)\left(j\,\frac{2C}{z_{c2}}\sin(k_2x)\right)\times\frac{1}{2} = j\,\frac{2C^2}{z_{c2}}\sin(2k_2x)$$

と計算される．これは純虚数である．この式は，音圧の腹と節の間でエネルギーをやり取りしているが，その時間平均は 0 であり，定常的なエネルギー流れは無いことを示している．音圧の腹では弾性エネルギーが振動の 1 周期に 2 回，極大と 0 を繰り返し，音圧の節では運動エネルギーが極大と 0 を繰り返している．

4 媒質 2 の伝搬速度が媒質 1 よりも遅いので図 A6.2 のようになる．

5 音速の小さい深度の領域がそれよりも音速が大きい領域に挟まれているために，図 A6.3 のように音速の小さい領域で出された音はその領域に閉じ込められて水平方向へ伝搬してゆく．このため，思わぬ遠方まで音が届くことがある．このような領域はサウンドチャネルと呼ばれている．屈折率の高いガラスをコアとし，その周りを屈折率の低いガラスで取り巻いた構造の光ファイバが，コアに光を閉じ込めて遠方に伝

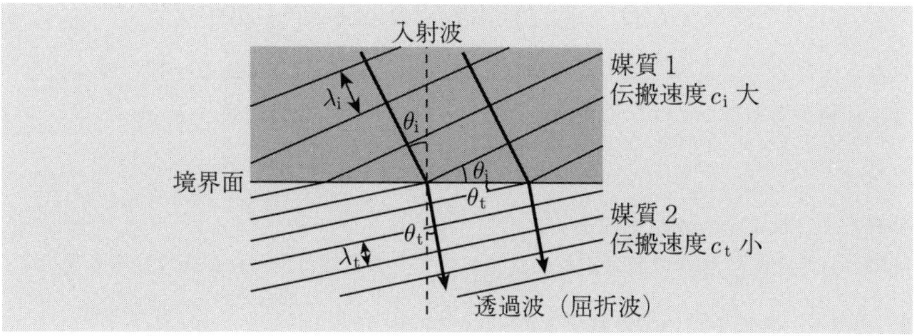

図 A6.2 音源の数と指向性関数

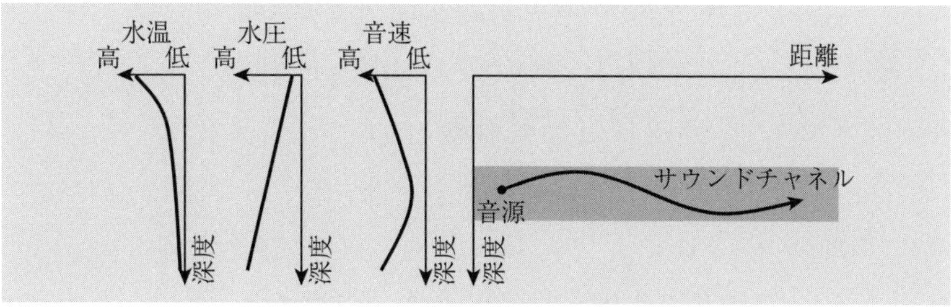

図 A6.3 深海の音の伝搬の例

えるのに似ている．

実際の海では塩分濃度なども音速分布に影響する．

6 水の音速は 1500 m/s 程度とレンズの中の音速よりも小さい．これは空中よりも屈折率の大きい（伝搬速度の小さい）材料をレンズに用いる光学と逆である．そのため，水中の音波では凹レンズで音が集束する．

7 省略

第 7 章

1 一辺が L の直方体が，図 7.1 と同様に一方向に押されて，その方向に ΔL だけ縮んだときを考える．ポアソン比を σ とすると，その他の 2 方向には $\sigma\Delta L$ だけ伸びるから，体積は

$$(L - \Delta L)(L + \sigma \Delta L)^2 \approx L^3 + 2\sigma \Delta L \cdot L^2 - \Delta L \cdot L^2$$

となる．ここで，高次の微小量は無視した．元の体積は L^3 である．押しつぶしたとき，体積が増えることはないから，

$$2\sigma \Delta L \cdot L^2 - \Delta L \cdot L^2 < 0$$

である．これより，$\sigma < \frac{1}{2}$ である．
別解として，式 (7.23) のラメ定数の式においてラメ定数が正となる条件からも導ける．

2 表 7.1 の定数を用いて計算すること．

3 一辺が a の正方形断面の断面 2 次極モーメントは式 (7.37) を用いて

$$\begin{aligned} I_{\mathrm{P}} &= \iint_S r^2\, dS = \int_{-\frac{a}{2}}^{\frac{a}{2}} \int_{-\frac{a}{2}}^{\frac{a}{2}} (x^2 + y^2)\, dx\, dy \\ &= \int_{-\frac{a}{2}}^{\frac{a}{2}} \int_{-\frac{a}{2}}^{\frac{a}{2}} x^2\, dx\, dy + \int_{-\frac{a}{2}}^{\frac{a}{2}} \int_{-\frac{a}{2}}^{\frac{a}{2}} y^2\, dx\, dy \\ &= 2 \int_{-\frac{a}{2}}^{\frac{a}{2}} \int_{-\frac{a}{2}}^{\frac{a}{2}} x^2\, dx\, dy \\ &= 2 \int_{-\frac{a}{2}}^{\frac{a}{2}} dy \cdot \int_{-\frac{a}{2}}^{\frac{a}{2}} x^2\, dx = \frac{a^4}{6} \end{aligned}$$

なお，慣性モーメントは

$$J = \iint_S \rho r^2\, dS = \int_{-\frac{a}{2}}^{\frac{a}{2}} \int_{-\frac{a}{2}}^{\frac{a}{2}} \rho (x^2 + y^2)\, dx\, dy = \rho \frac{a^4}{6}$$

また，伝搬速度は式 (7.43) より

$$G = \sqrt{\frac{G}{\rho}}$$

4 式 (7.55) から直径を d として，

$$\begin{aligned} I &= \iint_S y^2\, dS = \int_0^{2\pi} \int_0^{\frac{d}{2}} r^2 \sin^2\theta \cdot r\, dr\, d\theta \\ &= \int_0^{2\pi} \sin^2\theta\, d\theta \int_0^{\frac{d}{2}} r^3\, dr = \frac{\pi d^4}{64} \end{aligned}$$

5 式 (7.61) から，表 7.2 のステンレス鋼の引張強度より十分小さい 100 MPa 張力をかけたとして

$$c_{\mathrm{s\,max}} = \sqrt{\frac{100 \times 10^6}{7800}} = 113\ [\mathrm{m/s}] = 408\ [\mathrm{km/h}]$$

と計算される．

6 変位の復元力について，張力の寄与が大きいか曲げ剛性の寄与が大きいのかによる．線の直径が大きくなってくると曲げ剛性の寄与が増す．

第8章

1 表7.1の材料定数を用いると，式(7.20)より細棒の縦波音速は5091 m/sである．よって，半波長の共振長は63.6 mmである．また，ねじり振動の音速は式(7.40)より，3099 m/sである．よって，半波長の共振周波数は24.3 kHzである．

2 縦振動のステップホーンの式(8.16)より，振動速度の比はインピーダンスの逆比になっている．ねじり振動のインピーダンスは式(8.17)より，断面2次極モーメントに比例する．一方，式(7.36)から，断面2次極モーメントは半径の4乗に比例する．以上より，ステップホーンをねじり振動に用いた場合，振動角速度の比はホーンの両端の直径の4乗の逆比となる．

3 振動変位分布を，式(8.44)の代わりに，

$$u_y = bx(L^2 - x^2)$$

として，弦の運動エネルギーと位置エネルギーのそれぞれの最大値を式(8.45), (8.46)から計算する．そして，それらが互いに等しいとして，2次の共振角周波数は，

$$\omega_2 = \frac{3.2403703}{L}\sqrt{\frac{P}{\rho_s}}$$

と求まる．これは理論値の式(8.42)よりも3.14％ほど大きい．

4 最低次は $m = 0, n = 1$ であり，式(8.75)により，

$$\begin{aligned} f_{0,1} &= \frac{\omega}{2\pi} = \frac{\beta_{0,1}}{2a}\sqrt{\frac{P_M}{\rho_M}} \\ &= \frac{0.7655}{2\times10\times10^{-3}}\sqrt{\frac{1000}{2700\times10\times10^{-6}}} \\ &= 7.4\ [\mathrm{kHz}] \end{aligned}$$

第9章

1 省略

2 圧電超音波トランスデューサで受信する場合，図9.5の等価回路は図A9.1のように書き直せる．受信回路の入力インピーダンスが高ければ，反共振周波数で受信電圧が大きくなると考えられる．

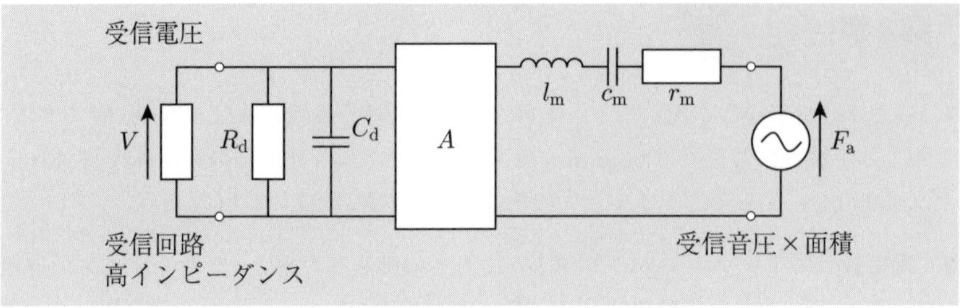

図 A9.1 受信回路

3 分解能は波長程度と仮定する．光学顕微鏡の空間分解能を 1 μm として，超音波の波長を 1 μm とする必要がある．音速を水中の 1500 m/s として，周波数は

$$f = \frac{1500\ [\mathrm{m/s}]}{1\ [\mu\mathrm{m}]} = 1.5\ [\mathrm{GHz}]$$

4 海中の音速は 1500 m/s 程度であり，例えば，150 m の距離で伝送したときの遅延時間は 0.1 s である．ロボット操作などで遅延時間に注意する必要がある．また，電波や光に比べて周波数が低いので伝送周波数帯域が狭い．そのため，高精細画像や動画の伝送などに困難がある．

第10章

1 加速度の大きさの最大値は，振動変位の片振幅を U_p として，$\omega^2 U_\mathrm{p}$ である．ここで，$U_\mathrm{p} = 10\ [\mu\mathrm{m}]$ であるから，慣性力の最大値は

$$m\omega^2 U_\mathrm{p} = 0.1 \times 10^{-3} \times (2\pi \times 27 \times 10^3)^2 \times 10 \times 10^{-6} = 28.8\ [\mathrm{N}]$$

2 振動変位分布は，ホーン中央を原点として $u(x) = U_\mathrm{p} \sin(kx)$ と書ける．ヤング率を E として，応力分布は $E\,\frac{d}{dx}\,u(x) = kEU_\mathrm{p}\cos(kx)$ である．従って，その最大値は $kEU_\mathrm{p} = 2\pi f U_\mathrm{p}\sqrt{\rho E}$ と，速度振幅と特性音響インピーダンスの積になる．第 7 章の表 7.1 の数値を用いると，その大きさは 24 MPa と計算される．ジュラルミンは種類によって強度が異なるが，その多くの引張強度は 200〜400 MPa である．超音波振動は 1 秒間に数万回繰り返すので，引張強度よりも疲労強度でみるべきである．疲労強度は引張強度の半分か $\frac{1}{3}$ と見込んだほうがよい．それでもこの振動振幅ならばまだ余裕がある．

3 反射波が無いので，音響放射力は式 (10.5) の半分である．超音波のエネルギー密度は音の強さを音速で除したものであり，音圧の実効値を p として，$\frac{p^2}{\rho c^2}$ である．秤の指示値の減少分が音響放射力 F であり，それが 140 mgf である．よって，音圧の実効値は

$$p = \sqrt{\rho c^2 F} = \sqrt{1.2 \times 340^2 \times 140 \times 10^{-6} \times 9.8} = 13.8\ [\mathrm{Pa}]$$

である．これは音圧レベルで 116.8 dB である．

4 式 (10.1) および (10.2) から，$|u_y| = 2|u_x|$ とするには $kh = 1$ である．矩形断面なので式 (7.56a) を用い，式 (7.49) から波数 k が求まる．これらより，

$$k^2h^2 = 2\pi f \sqrt{\frac{12}{c_0^2 h^2}} \cdot h^2 = 1$$

よって，棒の厚さは $h = \frac{c_0}{4\pi\sqrt{3}\,f} = \frac{5000}{4\pi\sqrt{3}\times 27000} = 8.5\ [\mathrm{mm}]$ とすればよい．

5 式 (10.12) より，検出可能な最小質量は

$$\Delta L_{\mathrm{m}} \approx 2L_{\mathrm{m}}\frac{\Delta f}{f_0} = 2 \times 0.1 \times 10^{-6} = 0.2\ [\mu\mathrm{g}]$$

参考文献

主に第 1 章～第 8 章について：

［1］ 恒藤敏彦,『弾性体と流体』, 物理入門コース 8, 岩波書店, 1983.

［2］ 中島平太郎編著,『応用電気音響』, 日本音響学会音響学講座 2, コロナ社, 1979.

［3］ 西山静男他,『音響振動工学』, コロナ社, 1979.

［4］ 城戸健一,『音響工学』, 電子情報通信学会大学シリーズ, コロナ社, 1982.

［5］ 城戸健一編著,『基礎音響工学』, 日本音響学会音響工学講座 1, コロナ社, 1990.

［6］ 鈴木陽一他,『音響学入門』, 日本音響学会編音響入門シリーズ A-1, コロナ社, 2011.

［7］ 望月修, 丸田芳幸,『流体音工学入門』, 朝倉書店, 1996.

［8］ 日本放送協会編,『マイクロホンハンドブック第 2 版』, 日本放送協会, 1973.

［9］ 水島宜彦,『改訂エレクトロニクスの開拓者たち』, 電子通信学会, 1985.

［10］ 早坂寿雄,『音の歴史』, 電子情報通信学会, 1989.

主に第 9 章と第 10 章について：

［1］ 日本学術振興会弾性波素子技術第 150 委員会編,『弾性波デバイス技術』, オーム社, 2004.

［2］ 柴山乾夫監修,『弾性表面波工学』, 電子情報通信学会, 1983.

［3］ 根岸勝雄, 高木堅志郎,『超音波技術』, 物理工学実験 14, 東京大学出版, 1984.

［4］ 和田八三久, 生嶋明共編,『超音波スペクトロスコピー［基礎編］』, 培風館, 1990.

［5］ 御子柴宣夫, 生嶋明共編,『超音波スペクトロスコピー［応用編］』, 培風館, 1990.

［6］ 富川義朗編著,『超音波エレクトロニクス振動論』, 朝倉書店, 1998.

［7］ 中村僖良編,『超音波』, 日本音響学会音響工学講座 8, コロナ社, 2001.

［8］ 日本超音波医学会編,『新超音波医学 1—医用超音波の基礎』, 医学書院, 2000.

［9］ 千原國宏,『超音波』, コロナ社, 2001.

［10］ 伊東正安, 望月剛,『超音波診断装置』, コロナ社, 2002.

［11］ 森田剛,『圧電現象』, 森北出版, 2017.

［12］ 電子情報技術産業協会編,『超音波工学』, コロナ社, 1993.

［13］ 鬼鞍宏猷, 神雅彦,『やさしい超音波振動応用加工技術』, 養賢堂, 2015

［14］ 磯部浩巳, 原圭祐,『超音波振動加工技術』, 科学情報出版, 2017.

［15］ 鎌倉友男編著,『非線形音響学』, 日本音響学会編音響テクノロジーシリーズ 18, コロナ社, 2014.

索　引

あ　行

た　行

な 行

は 行

ま　行

や 行

ら 行

数字・欧字

著 者 略 歴

中《なか》 村《むら》 健《けん》 太《た》 郎《ろう》

1987 年　東京工業大学工学部電気電子工学科卒業
1992 年　東京工業大学総合理工学研究科博士課程修了
　　　　博士（工学）
1992 年　東京工業大学精密工学研究所助手
　　　　講師，助教授を経て
現　在　東京工業大学科学技術創成研究院教授

主 要 著 書

『音のなんでも小事典』（共著）
（講談社ブルーバックス，1996）
『音響学入門』（共著）（日本音響学会編，コロナ社，2011）
『Ultrasonic Transducers』（編著）
（Woodhead Publishing，2012）
『音響キーワードブック』（編集主査）
（日本音響学会編，コロナ社，2016）

電子・通信工学＝ **EKR–21**

電気・電子・通信のための 音響・振動
—基礎から超音波応用まで—

2020 年 10 月 10 日Ⓒ　　　　初 版 発 行

著　者　中村健太郎　　　　発行者　矢 沢 和 俊
　　　　　　　　　　　　　印刷者　大 道 成 則
　　　　　　　　　　　　　製本者　小 西 恵 介

【発行】　　株式会社　数 理 工 学 社

〒151-0051　東京都渋谷区千駄ヶ谷 1 丁目 3 番 25 号
編集　☎ (03)5474–8661（代）　　サイエンスビル

【発売】　　株式会社　サ イ エ ン ス 社

〒151-0051　東京都渋谷区千駄ヶ谷 1 丁目 3 番 25 号
営業　☎ (03)5474–8500（代）　振替 00170–7–2387
FAX　☎ (03)5474–8900

印刷　太洋社　　　　　　製本　ブックアート

ISBN978–4–86481–069–2

PRINTED IN JAPAN

サイエンス社・数理工学社の
ホームページのご案内
https://www.saiensu.co.jp
ご意見・ご要望は
suuri@saiensu.co.jp　まで．